JN122751

こんな近くに！
札幌農業

札幌農業と歩む会

共同文化社

はじめに

私たちが、札幌市内の農業の現場へ、最初に出かけて行ったのは、2012年の秋でした。貸切バスが国道36号線真栄から南へ進むと間もなく、山すそが近くに迫り、畑やハウス群のある風景となりました。豊かな自然と農業がある、まさに農村です。

市中心部からわずか40～50分ほど。一見大都会にしか見えない札幌にも農業・農村があった！　しかもこんな近くに！　―これが私たちの最初の驚きでした。

私たち「札幌農業と歩む会」(P122～124) はこの年から8年間をかけ、「さっぽろ農業見聞録」と銘打ち農業現場を見学に行きました。市内10区の農家や飲食店など計約50か所を、市民とともにバスで訪ねましたが、各区の農業は、中心部から車でほぼ1時間以内にありました。市内各地の農業を見て、聞いて、食べて、多くのことを学びました。それはまさに驚きの連続だったのです。

その驚きとは、第一に農業の多彩さでした。

最初のバスツアー訪問地である清田区有明で、農家のハウス内に入らせていただいた時のことです。私たちの目に飛び込んできたのは、白く大きく咲き誇るアナベルの花でした。初めて見た種類の花に、私たちはみな「わーっ」と歓声をあげました。

別の農家では、「ポーラスター」ブランドで知られるホウレンソウ、また別のイチゴ農家では、イチゴのパフェを食べ、その近くの養鶏場では、育てた卵を使ったシフォンケーキもいただきました。ほんの一つの地区だけでも、こんなに多彩な農業がそろっていたのです。

アナベルの花の栽培を見学する会のメンバーたち（2012年7月、清田区）

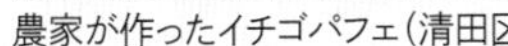
農家が作ったイチゴパフェ（清田区）

八紘学園が生産販売している牛乳（豊平区）

その後を含め、10区で見た農業は、稲作、畑作、園芸（野菜、果樹）、酪農、畜産……。なんと、札幌市内にはすべての農業の形態がそろっていました。東区、北区はタマネギやレタスが盛ん。南区は果樹園、手稲区はスイカやカボチャなどと、各地域に特色があることが分かってきました。最後にツアーで訪れた中央区では、中心街のビル屋上で養蜂を見ました。それが市民活動であることも「大都市らしいな」と思いました。

第二に、札幌は「野菜王国」であるという点です。

札幌が国内タマネギ栽培の発祥地であることは知られていますが、コマツナなど葉物野菜の健闘はあまり知られていません。私たちのツアーを振り返ると、タマネギ、レタス、ホウレンソウ、コマツナの4つがとても印象に残っています。これらは札幌の“ヒーロー野菜”と言ってもいいでしょう。

このほか、ミツバやシュンギクなどの葉物野菜が作付面積で道内

マンションに囲まれた野菜園（白石区）

はさがけされた稲束（南区）

ベストテン入りするなど、札幌は意外な、正真正銘の「野菜王国」なのです。

第三の驚きは、都市ならではの新しい農業のかたちが生まれ始めていることです。

特に若い農家は健康と環境のことを良く考えています。新規就農者に話を聴くと、「家族の病気がきっかけで、健康な食を作りたいと思った」「農薬や化学肥料は極力使いたくない」と言います。

また、直売やマルシェが花盛り。農家がレストランやカフェを直接経営し、育てた作物をそこで料理するといういわゆる「6次産業化」が盛んになっています。

農業そのものというより、「農的くらし」や「癒し」を農村に求める市民がいて、農村がそれに応えるという構図も見えます。市民農園での「週末農業」だけでなく、「滞在型耕作」や「援農」など、「半農半X〈エックス〉」とも言うべき生き方の一つでしょうか。

札幌農業に、大きな変化と農業復興の兆しが表れているという意味で、私たちはここ数年のことを「札幌農業ルネッサンス期」と呼んでいます。

この本では、見聞した話や写真を用い、そうした札幌農業の大きな変化と現在の姿、充実する「食」のシーン、それらを担う農家や市民の姿を紹介します。

あなたもぜひ、札幌農業を知って体験してみてください。札幌という都市が、こんなに豊かで楽しく心地よい「食と農」の街であったことを、実感されるはずです。

CONTENTS［もくじ］

h：ホームページあり　f：フェイスブックあり

「農」の現場は、人が生きていくために
大切なことをたくさん教えてくれます。
農家さんの言葉や「農」の現場が教えて
くれるのは、まさに「生きる力」なのです。
そんな「農」の世界と真摯に向き合い、
そこで暮らす人や、人と人との繋がり、
そして地域のことを発信し続けています。

いいね！農style

北海道の人、暮らし、仕事。
くらしごと

小さなマチを元気にするために、
頑張っている人たちがいます。
地域の文化や産業を残していく為に、
日々、奮闘している人たちがいます。
北海道を愛し、そこに暮らす人々や
彼らの生き方や想いを、私たちは
丁寧に取材して発信しています。

第1章 驚きの豊かな都市農業

札幌の農業の豊かさを実感できるのは、まず多くの作物たちが頑張っている姿です。この章では、作物（農畜産物）そのものと、札幌農業全体の今日の姿に焦点を当てます。

札幌は意外なほどの野菜王国。こんなに大都市なのに、生産量が道内市町村で1位のコマツナをはじめ、ホウレンソウ、レタス、タマネギは2010年以降もベスト10をキープしています。私たちはこれらを札幌の“ヒーロー野菜”と呼んでいます。

また、生産量がそれほど多くはなくても大事な作物が、札幌にはたくさんあります。札幌に根づき、長く愛されてきた作物たちです。明治以降の時代に、先人たちが数々の労苦を重ね、生産してきた野菜や果樹は、代々の農家の手に引き継がれ、今も私たちの食生活を支えています。

〈札幌市の主な野菜・果樹の作付面積と収穫量〉

年次	作物名	作付面積（ha）	作付面積道内順位	収穫量（t）	収穫量道内順位
2012	コマツナ	38	1	532	1
2012	ホウレンソウ	35	6	270	10
2006	シュンギク	7	2	97	2
2012	ミツバ	3	3	24	3
2004	ニラ	7	2	135	2
2012	レタス	67	2	1140	5
2006	チンゲン	4	2	94	2
2016	タマネギ	296	10	14100	11
2012	スイカ	10	4	331	5
2012	インゲン	7	7	64	6
2004	サクランボ	17	7	21	8
2004	桃	2	3	17	2
2004	リンゴ	17	9	74	12

北海道農林水産統計年報（2012～2016）、政府統計窓口（2006）
道内順位は2006年180市町村中、2012年以降は179市町村中の順位

コマツナ

■道内市町村ランキング（いずれも2012年）
作付面積：38ha＝1位
収穫量：532t＝1位

■東区、南区、西区、手稲区など市内の広いエリアで生産
■ハウス栽培が中心。5〜10月を中心に収穫・販売

耐寒性が強く、霜にも強いことから北海道全域でも作られるようになったコマツナですが、札幌は道内179市町村の中で、作付面積も収穫量も第1位を占め、市場シェアは全道の4割を占めているというから驚きです。主に、東区、南区、西区、手稲区と広いエリアで生産されています。

ただ、札幌での生産の歴史は意外に短く、ここ数十年しかありません。本州の人々が転勤や移住で札幌に増え始めてからでした。本州で食べていた、新鮮なコマツナ需要が高まったのです。札幌市内の農家は、水田転作作物を探していたこともあり、コマツナ生産が順調に伸びていきました。

現在は、市内の広いエリアで作られるようになり、マルシェや直売所でも人気の作物です。札幌市内の学校給食でも6月から7月にかけて約30t（2019年）ほど使われ、子どもたちにも食べられています。

コマツナの畑と出荷用段ボール箱（札幌市提供）

レタス

■道内市町村ランキング（いずれも2012年）

作付面積：67ha = ❷位

収穫量：1140t = ❺位

■主に北区太平地区、篠路地区、茨戸地区で生産
■露地栽培が中心。6〜10月を中心に収穫
■気候と水から、シャキっとした食感のレタスとなります。鮮度が良いのも、短時間で流通できる札幌産ならではです。

札幌のレタスは道内市町村の中でも作付面積で2位。収穫量は5位につけています。質の面でもトップレベルにあり、産地として道内のリーダー的な役割を果たしてきました。北区太平で生産されるレタスを中心に「太平レタス」というブランド名が付き、市場でも一目置かれた存在でした。

その後、同地区の「明星レタス」生産グループと合併し、「札幌産レタス」として今でも高い評価を得ています。

また、札幌市は、JAさっぽろや㈱ばんけいリサイクルセンターと連携し、給食残さをたい肥に変え、これで栽培された農産物を給食に提供するという「さっぽろ学校給食フードリサイクル」に2006年から取り組んでいます。レタスは7月上旬から9月下旬にかけて市内の全小中学校の給食に採用され、年間約4tを子どもたちが食べています。

レタスの多くの種類のうち、なじみのある「玉レタス」は丸くてシャキッとして柔らかいのが特長。ほかには、緑や赤の色を帯びた葉の「リーフレタス」や、ハクサイのように丈の高い「ロメインレタス」もあります。

川瀬農園のレタス（清田区）

ホウレンソウ

■道内市町村ランキング
（いずれも2012年）

作付面積：35ha＝❻位
収穫量：270t＝❿位

■主に清田区真栄地区・有明地区、南区滝野地区・常盤地区で生産
■露地栽培の旬は6～10月。ハウスでは4～10月を中心に栽培、順次収穫
■涼しい気候ときれいな水を恵みに、長年培われた技術で栽培された札幌のホウレンソウは、葉肉が厚く甘みがあって、えぐみが少ないのが特長です。

ホウレンソウには葉先が剣のようにとがった「東洋種」と、丸みを帯びた「西洋種」があります。東洋種は葉肉が薄く、アクが少ないため、おひたしなど日本人のし好に合うといわれますが、夏場は花芽ができ、花茎が伸びやすいため、栽培は秋、冬、早春に限られます。西洋種は日長に鈍感なので夏場にも栽培が簡単ですが、東洋種に比べ肉厚で、アクが多い傾向にあります。また、東洋種と西洋種をかけあわせた交配種もあります。

道内、そして札幌市内でも、農家はどの品種をどの時期に作るのがいいか、これといった指針がなく困っていました。そこで札幌市は1974年、道内に先駆けて当時200種近い品種を一堂に集め、全種類の品種特性を時期別に詳細に調査、北海道におけるホウレンソウの時期別栽培指針を完成させました。その結果、市内の清田区真栄・有明地区、南区滝野・常盤地区を中心に生産が広がっていきました。

これらの地域をとりまとめていた当時の豊平東部農協（現在のJAさっぽろ）が1979年に札幌産ホウレンソウを「ポーラスター」（英語で「北極星」の意）という名でブランド化し、瞬く間に道内をけん引するほどの一大産地へ成長したのです。

近年ではポーラスターを使った洋菓子や蒸しパンなども、清田区内の洋菓子店が作っています。

札幌産ホウレンソウ（ブランド名「ポーラスター」）の出荷用段ボール箱

タマネギ

■道内市町村ランキング（いずれも2016年）
作付面積：296ha＝10位
収穫量：14100t＝11位

■主に東区丘珠地区から北区篠路地区にかけての伏古川流域と、白石区東米里地区の旧豊平川流域で生産
■露地栽培が中心。10～11月を中心に収穫
■丸いタイプのタマネギで、結球が堅く、炒めものにも向きますが、伝統種「札幌黄（さっぽろき）」のように柔らかくて甘いタイプもあります。

「わが国の玉葱栽培この地にはじまる」と刻まれた碑を見たことがありますか？札幌村郷土記念館（東区北13東16）の敷地内に立っています。国内で最初に食用タマネギ生産が行われたのがここ札幌。関西でもオホーツクでも十勝でもありません。歴史は札幌が最も古いのです。

日本では江戸時代に長崎に伝わりましたが、観賞用でしか広がりませんでした。食用としては1871年（明治4年）に初めて、札幌で試験栽培されたのです。80年（明治13年）から札幌農学校のブルックス教授らによる熱心な指導により北米品種の本格栽培が始まり、その後に、ホイーラー教授によって、「札幌に適する作物」の一つに挙げられ、定着していきます。

当時の札幌村でタマネギ栽培が広まった理由はいくつかあります。伏籠川沿いの肥沃な土地と気候に恵まれていたこと、ほかの作物や酪農に比べて栽培が比較的楽だったこと、出荷時期が本州と違うので競争しなくてもよいことなどです。こうして、100年以上も前から札幌の地で作り続けられてきたのです。

札幌市は、タマネギ購入数量でも国内都市の中で第1位（年間世帯当たり20.9kg）＝※注＝となっており、まさにタマネギの街といえます。

※注　出典：「家計調査結果（二人以上の世帯：平成27～29年平均1世帯当たり年間の購入数量）」（総務省統計局）

タマネギの品種

一般にタマネギと呼んでいる部分は根ではなく、葉の根元が養分を蓄えて丸く太った球茎部を指し、植物学的には鱗茎（りんけい）といいます。この球肥大の引き金になる要因として、日長に反応する品種と、温度に反応する品種があり、北海道で作られるのは日長時間の長さに反応する前者のタイプで、春まき秋どり用の品種。一方、関西以西では3月ころの気温上昇期に肥大する後者のタイプを用いて、秋に種をまき、春に収穫します。

ブルックス教授はこの春まきタイプの品種に着目、故郷のマサチューセッツ州ダンバーズ村から取り寄せた中に、優れた特性を持つ「イエロー・グローブ・ダンバーズ」、後の「札幌黄」がありました。

この「札幌黄」の普及と並行し、明治16年（1883年）の武井惣蔵（そうぞう）氏による商用栽培成功をきっかけとして作付けが増大、明治後半には海外に輸出されるほどになりました。

その後戦争の影響を受けるなど紆余曲折を経て、第2次世界大戦後の1949年にタマネギを扱う一市三村（札幌市、札幌村、篠路村、白石村）の農協の連合会組織「札幌玉葱販売農業協同組合連合会」（通称「札玉販連」）が設立され、農家が主体的、かつ計画的に生産できる体制が初めて整いました。それからは「札玉」ブランドとして長く道内をけん引、1972年に1,380ha、収穫量71,100tとなるまでに拡大していきます。

やがて、札幌の都市開発に伴い畑が減少したことに加え、品種が「札幌黄」から現在のF1種に置き換わってからは（1980年前後）、他産地でも機械化、大規模化が進み、首位の座を明け渡すことになります。

収穫され、出荷を待つ「札幌黄」（東区）

伝統野菜 札幌黄（さっぽろき）

もともと明治時代にブルックス教授らによって導入されたこの品種「札幌黄」は、教授の故郷である米マサチューセッツ州ダンバーズで広く栽培されていた品種でした。当時は誰も食べたことのない「変わった野菜」だったのですが、作りやすく、料理すると美味しいので、広まります。

農家が自分で育てた株から種子を採る「自家採種」を繰り返しました。互いに交配させるなどして、だんだん良い品種が生まれます。農家間の競争もあり、「宮本札幌黄」「黒川札幌黄」など、農家の名前を冠した優良品種が多く生みだされ、定着していきます。

現在では、東区丘珠の佐々木農園（P82）が最も多くの種子を生産しており、周囲の農家が佐々木さんから種子を得て栽培しています。

肉厚で柔らかく、熱を加えるとさらに甘みが増しておいしい札幌黄。札幌市内の札幌黄の生産者は、一時は10戸ほどにまで減少したのですが、現在は30戸ほどに増えました。病気にかかりやすく、また、果肉が柔らかく果皮に傷が付きやすいため、機械を使用しての収穫にはやや難があるという栽培の難しさはありますが、歴史あるタマネギを復活させたいという想いから、再び栽培に乗り出す生産者が徐々に増えていったのです。

市民も参加した「札幌黄」の苗植え体験（東区）

札幌黄ふぁんくらぶ

札幌市役所内で行われた「札幌黄」の出張販売（2019年10月）

そんな札幌黄の生産を応援する「札幌黄ふぁんくらぶ」という心強い集まりがあります。栽培農家や飲食店、加工販売業者、研究者、行政などが集まって、応援するプロジェクトを進めています。2012年8月に発足し、現在の参加者は約3,000人です。

13年3月には、会員向けに、「札幌黄オーナー制度」がスタートしました。春から夏の段階で1口4,000円を出資し、秋の収穫期に札幌黄やその加工品が届く仕組みです。オーナーとなった消費者は、秋に収穫される札幌黄を事前に購入予約することで、確実に入手できます。生産者にとっては価格の維持と供給先の確保につながります。また、オーナーになると、栽培・収穫体験や札幌黄料理教室などに参加もできます。

さらに同年7月には、札幌黄の安定した生産体制への支援や、この会の運営など行う「札幌黄ブランド化推進協議会」（荒川義人会長）が設立されており、関係者の一体となった札幌黄の応援体制が構築されていったのです。

現在では、札幌黄を食材として使うレストランや加工品も増えてきました。加工品では札幌黄を練り込んだラーメン（P32）や、札幌黄の粉末を使ったスープ（同）、乾燥タマネギ（P78）といった食品もあります。

札幌黄の加工品たち

「サッポロ西瓜（すいか）」「大浜（おおはま）みやこ」
（スイカ）　（カボチャ）

■いずれも主に手稲区で生産
■露地栽培が中心。スイカは7月下旬〜8月下旬、カボチャは7月下旬〜9月中旬ごろ収穫

手稲区山口地区は、その名の通り山口県出身者によって明治時代に開拓されました。砂地が多く地力に乏しく、開拓半ばでこの地を離れていく人も少なくなかったそうです。自家用に作ったスイカがよくできたのがきっかけで、それまで厄介者だった砂地をメリットに変え、大正時代半ばころから「山口スイカ」という名称で販売されるようになりました。その後、全国各地へと販路を広げたため、山口県産と間違われないように1975年、「サッポロ西瓜」と名前を変更します。

スイカは天候によって収量や品質が大きく左右され、果実が重いことも農作業の負担になることから、スイカに代わる作物として注目したのがカボチャです。スイカ栽培で培った技術が活かされ、1981年7月、近くの海水浴場名を冠した「大浜みやこ」が誕生します。

松森農園で収穫された「大浜みやこ」カボチャ

水はけがよく、一日の寒暖の差が大きいことが甘さにつながっています。粉質と糖度が高く、ホクホクで甘いこのカボチャは、一般のカボチャより高い価格で取引されています。生産量は減ってはいますが、山口地区の「サッポロ西瓜」と「大浜みやこ」はこの地域を代表する農産物です。

カボチャは和洋のお菓子に原料として使われることも多く、手稲区の和菓子店「水車」（P31）や北区の洋菓子店「アンシャルロット」（P31）などではカボチャの色と香り豊かなお菓子を製造販売しています。

計量し、箱に詰められる「サッポロ西瓜」（札幌市提供）

さっぽろの果樹

■主に南区、豊平区で生産
■収穫時期は果物の種類や年で異なりますが、おおまかには次の通り。サクランボ:6〜8月、プラム:8〜9月、プルーン:8〜10月、ブドウ:8〜10月、リンゴ:9〜10月

北海道におけるリンゴ栽培は、開拓使がアメリカからの導入苗を東京青山の官園（農業試験場）に植えた後、明治6年（1873）に札幌と七重（道南）の官園に移したのが始まりとされています。日本最初の民間のリンゴ果樹園は、水原寅蔵氏によって今の中島公園辺りに開かれ、明治14年の明治天皇行幸の際には、そのリンゴが献上されるまでになっています。その後、果樹園は山鼻村、平岸村、札幌村に広がり、リンゴ栽培の中心地として道内をけん引するようになります。

箱詰めにされたプラムやモモ、ナシなど（南区）

中でも立地条件の良かった平岸地区を中心に生産が増え、明治末には全国一の産地となり、国内外に移輸出するまでになります。その後は病害虫の発生や戦争などの影響を受けて勢いを失い、昭和30年代の都市開発の進展によって果樹産地としての役割を終えることになりますが、今も平岸地区の環状通のリンゴ並木や、レンガ造りのリンゴ倉庫などに当時の面影をしのぶことができます。

現在の作付けは南区の藤野地区から小金湯地区までの豊平川沿いに集中しています。主な品目はサクランボとリンゴで、果樹の栽培面積約50haの半分を占めています。

自然とのふれあいを求めるニーズが高まる中、果物狩りや直売など観光農業への転換が図られ、モモ、ウメ、ブドウ、プラム、プルーンなど多品目の果樹栽培が行われています。また、市内の和洋菓子店やまちづくり活動との連携にも積極的に取り組み、毎年果樹の季節になると地元産農産物の直売まつりや果樹園巡りスタンプラリーなど南区を舞台にした楽しい催しが繰り広げられます。詳しくは南区のホームページなどをご覧ください。

ワイン醸造用のブドウ（南区）

八紘学園の学校園で実を付けたリンゴ（豊平区）

サトホロ
（イチゴ）

■南区、清田区、北区などで生産
■6月上旬～7月上旬ごろに収穫

札幌のイチゴ栽培が始まったのは明治末。春先温暖で、傾斜地の日当たりの良い簾舞（みすまい）から小金湯（こがねゆ）にかけた地域が生育に適するとして、戦後は作付けが急増、「簾舞イチゴ」というブランド名は市場関係者の注目の的となりました。しかし、イチゴの病害が広がったことなどから、1955年以降、生産が頭打ちになりました。

札幌市農業支援センターが15年がかりで育成した「サトホロ」が誕生したのは1988年。果実の大きな「タイオーガ」と、味と香りのよい「フェアファックス」を交配したもので、適度な酸味が甘さを引き立て、豊かな香りと芯まで真っ赤な果肉が特徴で「深紅の宝石」と称されるほどの逸品。簾舞イチゴの復活につながると期待を集めました。ただし本来の特性を発揮するには完熟まで待たなければならず、店に並ぶころには過熟になって見た目も黒っぽくなってしまうため市場での需要は伸びませんでした。

このような中、このイチゴの酸味と色に着目した洋菓子店などが、畑での研修会やイチゴフェア等のイベントを重ねて、その魅力を最大限に生かした商品開発に取り組むなど、「農」と「商工」が結びつくことで徐々に復活の兆しを見せ始めます。

サトホロを原料に使ってジェラート（P32）を作る㈱セイウニカの増谷尚紀社長もその一人。「このイチゴでしか出せない味、色があり、他の品種には代えがたい。農家の協力があってこそ今の自分があることに感謝したい」とサトホロの魅力を語ります。近年、ようやく仕入れ体制が整い、農家が再生産できるような価格で、規格外品まで丸ごと購入しています。

池田食品㈱は、サトホロの粉末とホワイトチョコレートをコーティングした「たまごボーロいちごチョコ包み」（P30）を開発しました。同社にサトホロを提供している蝦夷丘珠ファーム（P80）の林公一さんも、「全量買い上げというシステムはありがたく、また、食品会社のニーズを次の生産にフィードバックすることで、手応えを実感できる」と語ります。

芯まで赤い「サトホロ」イチゴ

伝統野菜 札幌大球（さっぽろたいきゅう）（キャベツ）

■主に清田区で生産
■10月下旬～11月上旬ごろ収穫

直径40～50cm、重さ10数kgにもなる巨大なキャベツ「札幌大球」。大きな葉は肉厚なのに柔らかく、甘みがあって歯ごたえがよい。約半年をかけて10月末～11月初めに収穫されます。

キャベツは明治初期に北海道でも栽培が始まりました。冬期間が長い北海道なので、貯蔵性があり、漬け物などの加工に適したキャベツを目標に選抜改良した結果、明治後半期に札幌大球の原型ができあがりました。全盛期は昭和初期から戦前にかけてで、道内のかなり広いエリアで作られていましたが、漬け物需要の減少や生産者の高齢化などにより、一時は利用する加工業もなく消滅も時間の問題と思われました。

現在はJAさっぽろが「札幌伝統やさい」の1つとして再び作付けを開始、お好み焼き店やニシン漬けなど漬物食品企業等とも連携して復活の取り組みを進めています。

2015年4月に「札幌伝統野菜『札幌大球』応援隊」が発足。普段からキャベツを使っている加工企業や飲食店がこの趣旨に賛同し、札幌大球の活用を通して応援してくれるようになりました。

同時にスタートした「札幌大球オーナー制度」の、5年目となる2019年度の参加者は約250人。オーナーになると、12月には道産素材を使ったニシン漬けが送られるほか、圃場での収穫体験や漬け物専門企業による本格的な「ニシン漬け教室」などに参加できます。

「13kg」と書かれた札幌大球の山

伝統野菜 札幌白ゴボウ（さっぽろしろごぼう）（ゴボウ）

■主に北区、清田区で生産
■9月下旬〜11月上旬ごろ収穫

北海道のゴボウ栽培は明治時代に始まりました。当時、栽培されていた根がまっすぐで皮が白っぽい茎の品種を「札幌」の呼称で定着させたのが由来といわれています。

ゴボウはアクがあるので、そのままにしておくと茶色っぽくなります。もちろん、「札幌白ゴボウ」も真っ白ではないですが、採りたてはほかの品種に比べると果皮、果肉ともに白く、香りが豊かで歯ごたえもよい。酢水に浸けると白っぽい状態をある程度保てます。

150年近くも大切に守って栽培し続けてきた「札幌白ゴボウ」は、今は給食にも登場し、多くの子供たちに昔の味を提供しています。生産量は少なく、なかなかスーパーには出回りませんが、市内の農家直売所などで購入することができます。

伝統野菜 サッポロミドリ（ダイズ）

■主に清田区、南区で生産
■8月上旬〜9月初旬ごろに収穫

北海道における大豆栽培の記録は、1562年に渡島国亀田郡亀田村で栽培された五穀の中に大豆が含まれていたとするのが最も古いといわれています。その後、明治に入ると各地で試作され、大豆栽培は北海道開拓と共に広まりました。入植者は味噌やしょう油を作る目的で大豆を栽培していましたが、若さやをエダマメとして食することもあり、エダマメとして美味しい品種改良が進められました。古い品種には褐色の産毛のものが多かったのですが、それが汚れに見えてしまうこともあり、白毛品種の開発が行われました。

「サッポロミドリ」は、雪印種苗株式会社が開発を進め、1974年に種苗登録された札幌発祥のエダマメで、実入りがよく甘みがあっておいしい。安定した品質と収量性で、国内でもトップクラスの人気の早生系品種になっています。

伝統野菜

札幌大長ナンバン（トウガラシ）

さっぽろおおなが

■主に清田区、豊平区、南区で生産
■7月下旬～10月中旬ごろ収穫

明治中期に岩手県南部地方から導入され、札幌の気候と風土に適するように変化を遂げた品種です。ナンバンは、時代とともに品種改良されて辛みも優しくなってきましたが、「札幌大長ナンバン」は長さ12cmほどあり、熟すと濃紅色に変化し、結構強めの辛さが特徴です。北海道や東北の郷土料理である「三升漬」をご存じですか？　青ナンバンと麹、しょう油をそれぞれ一升ずつの分量で漬け込んだもので、調味料代わりや料理のアクセントに使います。「札幌大長ナンバン」はこの料理には欠かせません。スーパーなどに出回ることは少なく、直売所などでの扱いが多くなっています。

漬物会社北日本フード株式会社（P32）の「北彩庵」ブランドには「札幌大長なんばんの三升漬」があります。この辛みを味わってみませんか？

「札幌伝統やさい」（JAさっぽろ指定）

明治時代、北海道開拓使が置かれた札幌は北海道の農業技術を確立する拠点となり、多くの農業者たちも気候や風土に合う作物や品種を模索し、相互の努力で栽培技術が定着していきました。しかし、その後の時代の流れの中で、形のそろいが良く、病気に強いF_1（雑種第一代）品種が主流となり、古い作物や品種は、姿を消したものも多数あります。一方、代々の農業者たちが根気よく作り続け、現在も大切に受け継がれているものもあり、「サッポロ」と地名の付く作物も残っています。

JAさっぽろは2014年、この大切に守るべき札幌伝統野菜に注目し、「札幌黄」、「札幌大球」、「札幌白ゴボウ」、「サッポロミドリ」、「札幌大長ナンバン」の5つを「札幌伝統やさい」に指定し、栽培や普及を始めました。このうち、食の世界遺産といわれる「味の箱舟」に、「札幌黄」が2007年、「札幌大球」が2015年に登録されています。

〈札幌伝統やさいの定義〉

札幌市内で栽培された野菜であること
品種名に「サッポロ」の地名がついていること
現在でも種子（苗）があり、生産物の入手（栽培）が可能なもの

さっぽろの牛乳・乳製品

■北区、東区、白石区、手稲区で生乳を生産。東区、厚別区、白石区の工場で牛乳・乳製品を生産
■通年で生産・出荷

札幌は道南の七重などと並び、北海道酪農と乳製品製造を明治期から始めた地です。以来、市内で牛乳・乳製品を多く生産し、酪農・乳製品加工の技術と経営を全道に普及する中心地であり続けました。

しかし、戦後の都市化の波に押され、酪農家は郊外移転を余儀なくされます。

八紘学園の牛舎で飼養されるホルスタイン（豊平区）

昭和60年代には、札幌市が酪農団地整備事業に着手。街の中に残っていた酪農家の郊外移転を促進しました。北区、東区、手稲区にそれぞれ「酪農団地」を造成し、そこに酪農家を集めました。

現在では旧酪農団地を含め、北区、東区、白石区、手稲区で計7戸が酪農を経営し、計730頭の乳用牛を飼育しています（札幌市ホームページ）。

牛乳は酪農家が生乳として出荷、このうち飲む飲用乳として集められた分は殺菌などを施され、ビンやパックに充填されて「牛乳」として売られ、一方で加工のための加工乳はチーズやバターなどに加工されます。

札幌にはこうした牛乳・乳製品の製造工場が多く集まっています。以下の工場などには、札幌産を含む道内産の生乳が集められています。

・雪印メグミルク札幌工場
（東区苗穂町6-1-1）
・サツラク農業協同組合の工場
「ミルクの郷(さと)」（東区丘珠町573-27）
・新札幌乳業工場
（厚別区厚別東4条1丁目1-7）
・明治乳業札幌工場
（白石区東札幌1条3丁目5-50）

雪印メグミルク札幌工場（東区）

札幌農業の今日の姿

「札幌に農業があるとは思っていなかった」と誤解していた人がいました。多くの人は「これほど豊かな農業だったとは知らなかった」のかも知れません。この第1章では、「ヒーロー野菜たち」と「根付いた作物たち」を見てきましたが、これだけでもう、「札幌農業はかなり豊かなんだな」と思われているでしょう。

その札幌農業の今日の姿を、客観的に、数字で整理してみましょう。

最初に市内の耕地面積は1,698ha（2015年農林業センサス）です。これは市の面積（1,121.26km^2）の1.5%です。もともと山林が多く、戦後の都市化の進行でずいぶん少なくなりました。

林野面積は68,228haもあり、市面積の約6割に相当します。山林が多いのは南区、西区、豊平区、清田区です。

札幌市内の耕地はかつてかなり広大でした。ピークは1960年の12,260ha（田畑）です。これは現在の市面積の11%に相当します。1割を超える耕地があったのですね。

また現在の札幌市の面積は、東京23区の面積（628km^2）の約2倍弱もあることをご存知でしょうか。札幌の大きさに驚いてしまいます。ちなみに東京23区の耕地面積は537haしかありませんから、札幌はその約3.2倍もあるという計算になります。

次に農家戸数ですが、2015年2月1日現在の農林業センサスによると、807戸です。このうち、専業農家は270戸で全体の約3割、兼業農家[1)]が残りの約7割。このうち第一種兼業農家[2)]が61戸、第二種兼業農家[3)]が476戸です。

戸数も過去のピークは1960年でした。当時は4,958戸と、現在の6倍以上あったのですね。こちらも都市化や農

〈札幌市の農家戸数〉

（2015年2月1日農林業センサス）

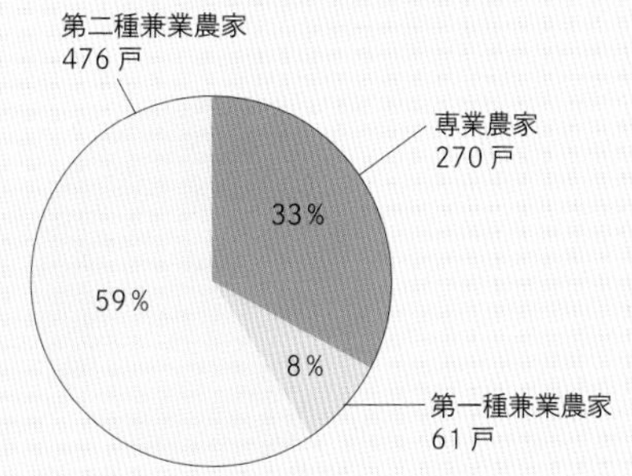

1）世帯員のなかに兼業従事者が１人以上いる農家
2）農業所得の方が兼業所得よりも多い兼業農家
3）兼業所得の方が農業所得よりも多い兼業農家

産物価格の低迷などにより、減少し続けています。

1戸当たりの耕地面積は、札幌市の場合、2.1ha（＝1,698／807）ですから、東京23区の0.52ha（＝537／1,035）に比べたら、約4倍も大きいのです。

札幌市の統計（2019年2月時点）によると、各部門の戸数のうち、畜産業は、酪農家が7戸で730頭を飼養、肉牛専業は1戸で54頭です。このほか農業専門学校や大学などの研究機関が3機関で177頭を飼養しています。

また、養豚農家は1戸で783頭を飼養。100羽以上を飼う養鶏農家は7戸（採卵鶏6戸と肉用鶏1戸）で、飼育羽数は11,139羽です。

一方、札幌市統計書によると、農業産出額は35億2千万円（2016年）で、1970年の約137億円以降減少傾向とのことです。

また、2016年の部門別農業産出額をみると、1位が「野菜」で24億1千万円と全体の68％を占め、以下、「乳用牛」が4億2千万円、「花き」が2億2千万円、「果実」が1億9千万円、「いも類」が4千万円、「鶏」が4千万円、「コメ」が2千万円、「肉用牛」が2千万円、「豆類」が1千万円、「麦類」が1千万円などとなっています。

まさに、稲作、畑作、酪農、園芸、果樹、畜産まで全部そろっています。札幌農業の多様な姿が数字でも裏付けられているわけです。

札幌市は、全国の大都市の中でも極めて豊かな農業都市と言えるでしょう。

〈札幌市の2016年部門別農業産出額〉

（札幌市統計書）

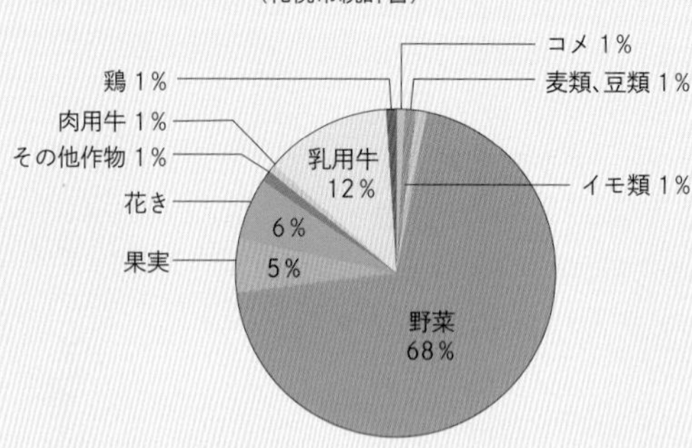

第2章

「さっぽろ」を食べる幸せ

第1章では、札幌市の作物と農業の全体像についてみてきましたが、第2章では、札幌で生まれた食がいかに多様で豊かであるかをお伝えします。

旬の野菜を新鮮なまま販売

春から秋にかけては、農家やJAの直売所や、量販店の札幌産コーナーに、旬の野菜が、新鮮なまま並べられています。農家による直売所の情報は、第4章掲載の農家については農家記事内に、それ以外の主な農家の直売所と、量販店、JA直売所などについては第2章の「札幌産農畜産物を購入できる主な店舗」（P28～29）に、それぞれ掲載しています。

札幌市内の学校給食に多く使われているコマツナ

永光農園の園内で直売されている鶏卵

札幌産を使った料理や加工品

また、そうした札幌産農畜産物を材料・原料にして、料理やお菓子など加工品を提供している店舗や加工品メーカーが、札幌にはたくさんあります。その主な店舗や企業を紹介する記事を、第2章の「“さっぽろ”を食べられる店舗など」（P30～32）に掲載しています。

この2つのリストで、札幌の野菜やコメや卵やフルーツを、日常的に「どこで買えるか」「どこで食べられるか」が、ほとんどすべて一覧できます。また札幌産農畜産物を使ったユニークな加工品の顔ぶれも分かります。

いずれも車なら1時間以内で行けるところばかり。営業期間や時間、休みなども明記してありますので、好きな食べ物を求めて、ぜひ足を運んでみてください。

札幌産のシイタケ（豊平区「花ときのこ　ほそがい」）

マルシェなど食イベント各地で開催

また、札幌市内には、短期間にテントなどで野菜を販売する「マルシェ」や「収穫祭」など、食のイベントが今日、花盛りです。中心部が多いのですが、周辺部でも開催されます。これまで開催されたことのある場所のリストをこの章で紹介しています。

さらに、札幌の子どもたちは、札幌産の野菜を学校給食でたくさん食べています。レタスなど4種の作物は、全10区で食べられており、例えば清田区では、ポーラスターホウレンソウを12校で計122回（2019年度）提供したとのことです。ほかにもズッキーニや「札幌白ゴボウ」などもたくさん使われています。その様子もこの章で詳しく紹介します。

札幌駅南口駅前広場で行われたマルシェ（2019年8月）

マルシェが並び、賑わう札幌駅前地下歩行空間チカホ（2019年8月）

サッポロさとらんどのブルーベリー

発寒小学校の給食メニュー「コマツナのサラダ」

学校給食にも札幌産たっぷり

札幌は大人も子どもも、日常的に札幌産の農畜産物を食べることができ、また近い農業地域の農家が、旬になると直接販売するイベントも盛んなので、まさに「地産地消」が盛んな、豊かな農業都市でもあります。あなたもこの本を手に、美味しい食を探してみてください。インターネットなどでも、旬の情報をチェックして、足で歩いてみてください。きっと、札幌で「さっぽろ」を食べる幸せを、実感できるはずです。

【札幌産農畜産物を購入できる主な店舗】

【北区】

■しのろとれたてっこ　生産者直売所 h

札幌市北区篠路3条10丁目1-2・JAさっぽろ篠路支店敷地内　☎011-771-2130
営業／6～11月上旬　10～15時　月曜休
主な品目／野菜全般

【東区】

■さとらんど市場 h

札幌市東区丘珠町519番地1（サッポロさとらんど交流館）　☎011-787-0223
営業／6月上旬～10月下旬の土・日・月のみ営業　9：00～16：00
主な品目／野菜、コメ、果物、加工品、乳製品、畜産加工品など

■竹田農園

札幌市東区丘珠町198　☎なし
営業／9月中旬～10月下旬　8：00～17：00　無休
主な品目／タマネギ（札幌黄、赤タマネギ、白タマネギ）

■湯浅農園 f

札幌市東区丘珠町692　Fax／011-786-9776
営業／9月上旬～11月下旬　9：00～17：00　無休
主な品目／タマネギ（札幌黄、赤タマネギ、白タマネギ）

■サツラク農協ミルクの郷まきば館売店 h

札幌市東区丘珠町573-27
☎011-785-0201（問い合わせ：株式会社パストランド）
営業／4月29日～11月3日　9：00～17：00（10/1～16：00閉店）　無休
売店（乳製品など）、レストラン

■くいしんぼうのやおや　ぐらっとん h

札幌市東区北46条東12丁目1番11号
☎011-790-6778
営業／10：30～売り切れ次第終了　不定休
主な品目／トウモロコシ、キャベツ、ブロッコリーなど野菜全般

【白石区】

■コープさっぽろ　ルーシー店（ご近所やさい） h

札幌市白石区栄通18丁目5-35　☎011-854-4811
営業　6月中旬～10月中旬　店舗と同じ時間帯
主な品目／野菜全般

【手稲区】

■手作りの店すなやま

札幌市手稲区手稲前田557　☎011-681-2267
営業／5月中旬～11月　10：00～17：00　月曜休
主な品目／キャベツ、トウモロコシ、トマト、ハクサイなど

■平佐農園直売所 f

札幌市手稲区手稲山口432-1　☎090-3114-6986
営業／8月上旬～9月中旬　9：00～17：00　不定休
主な品目／スイカ、トマト、トウモロコシ、カボチャなど夏野菜

■まつもり農園

札幌市手稲区手稲山口536　☎011-683-5845
営業／7月下旬～8月下旬　9：00～16：00　不定休
主な品目／スイカ、トウモロコシ、カボチャ、トマト

【厚別区】

■JAさっぽろ厚別直売所 h

札幌市厚別区厚別中央5条3丁目1-6・JAさっぽろ厚別支店横
☎011-891-2154
営業／6月～10月　9：00～16：00　土・日・祝定休
主な品目／野菜全般

■小林農園直売所

札幌市厚別区厚別東2条1丁目3-9　☎011-898-0212
営業／5月～11月　10：00～18：00　日曜休
主な品目／アスパラガス、レタス、ブロッコリー、ジャガイモなど野菜全般

【豊平区】

■八紘（はっこう）学園農産物直売所 h f

札幌市豊平区月寒東2条13丁目1-12
☎011-852-8081
営業／4月下旬～11月上旬：　10～17時　木曜休
11月中旬～4月中旬：土・日・月曜日のみ営業、10～16時
主な品目／牛乳（学園生産）、ソフトクリーム（4～11月）、野菜、果物

【清田区】

■ホクレンショップFoodFarm平岡公園通り店（もぎたて市） h

札幌市清田区里塚緑ヶ丘5丁目1-10
☎011-882-7520
営業／6～11月上旬頃（入荷は時期により変動あり）10：00～21：00

【南区】

■高坂（たかさか）果樹農園直売所 h

札幌市南区白川1814-100　☎011-596-2536
営業／7～10月　10：00～17：30
主な品目／サクランボ、モモ、プラム、プルーン、ナシなど

■藤澤果樹園
札幌市南区白川1814-149　☎011-596-2331
営業／5月上旬～10月下旬　9：00～16：00　不定休
主な品目／サクランボ、リンゴなど

■岡村果樹園
札幌市南区白川1814-183　☎011-596-2880
営業／5月～12月上旬　9：30～16：00　不定休
主な品目／サクランボ、リンゴ、ナシ、プルーンなど

■佐藤果樹園
札幌市南区白川1814-1073　☎011-596-2690
営業／6月～10月　9：00～16：30　不定休
主な品目／サクランボ、リンゴ

■西本果樹園
札幌市南区砥山92　☎011-596-2693
営業／6月下旬～10月下旬
主な品目／クリ、サクランボ、リンゴ、ナシなど

■SAPPORO FRUIT GARDEN（札幌果実庭園）　h
札幌市南区砥山70　☎090-2209-9750
営業／6～8月：9：00～17：00　9～11月：10：00～16：00　不定休
主な品目／イチゴ、サクランボ、リンゴ、サツマイモ、ラッカセイなど

■桜井農園
札幌市南区砥山203　☎011-596-2292
営業／通年　8：00～18：00
主な品目／イチゴ、サクランボ、ジャム、ジャガイモ、漬物など

■上山農園
札幌市南区砥山186　☎011-596-2297
営業／6月下旬～10月中旬　12：00～17：00　不定休
主な品目／トウモロコシなど野菜類、サクランボ（一部地方発送）

■サンシャインフルーツ園土田
札幌市南区豊滝427-14　☎011-596-5753
営業／6～10月（無休）11～5月（月曜休）
いずれも9：00～17：00
主な品目／イチゴ、サクランボ、ブルーベリー、プルーンなど

■細貝農園
札幌市南区小金湯593　☎070-1246-2147
営業／7～11月　来園前に電話で問い合わせを
主な品目／野菜多種

■田中果樹園　h
札幌市南区藤野2条3丁目2-15　☎011-591-8777
営業／7月～10月中旬　9：00～17：00　不定休
主な品目／サクランボ、ブドウ、リンゴ、ナシ、プルーンなど

■とれたてっこ南生産者直売所　h
札幌市南区石山2条9丁目7-88　JAさっぽろ南支店内
☎011-592-6141
営業／6月上旬～11月上旬　9：30～15：00
日曜・祝日休み。
主な品目／南区の野菜、果樹全般

■ホクレンショップ中ノ沢店（もぎたて市）　h
札幌市南区中ノ沢2丁目2　☎011-573-2560
営業／6～11月上旬頃（入荷は時期により変動あり）
10：00～21：45

■コープさっぽろ　ソシア店（ご近所やさい）　h
札幌市南区川沿5条2丁目3-10　☎011-571-5141
営業／6月中旬～10月中旬　店舗と同じ時間
主な品目／南区の野菜全般ほか

■コープさっぽろ藤野店（ご近所やさい）　h
札幌市南区藤野3条6丁目2-1　☎011-591-6811
営業／6月中旬～10月中旬　店舗と同じ時間
主な品目／南区の野菜全般ほか

【中央区】

■フーズバラエティすぎはら　h f
札幌市中央区宮の森1条9丁目3-13　☎0120-202447
営業／10：00～19：30　日曜休（祝日不定休）
主な品目／札幌黄、札幌大球、札幌白ゴボウなど

■フレッシュファクトリーマルヤマクラス店　h f
札幌市中央区南1条西27-1-1　マルヤマクラス　1F
☎011-676-7781
営業／10：00～20：00　無休
主な品目／ホウレンソウ、コマツナ、カブ、エダマメなど

【北広島市】

■ホクレン食と農のふれあいファーム　くるるの杜　h f
北広島市大曲377-1　☎011-377-8700
営業／4～1月　10：00～17：00
月曜休（祝日の場合翌火曜休）
主な品目／札幌市内農業者の野菜、果実類ほか道内野菜など多数

※この情報は2020年3月調査時点のものです。第4章「農業の顔、顔、顔」に掲載の農家による直売所などの情報は、同章の各農家ページに掲載しています。

※各店舗の営業日、営業時間、取扱品目等の情報は変動もあります。詳細は各店舗にお問合わせ下さい。

「“さっぽろ”を食べられる店舗など」

カプリカプリ

●札幌市中央区南1条東2丁目13 h f
●TEL(011)222-5656
■ランチ：土曜・日曜・祝日11：30～15：00、ディナー：平日・土曜17：30～23：00、水曜・第2火曜定休

1996年白石区にオープンし、2012年にテレビ塔近くに移転しました。「大浜みやこカボチャ」や「札幌黄タマネギ」など北海道の旬を活かし、信頼のおける生産者より仕入れた食材をイタリア料理にして提供。留萌で生産されている超強力小麦「ルルロッソ」を使った手打ちパスタ料理もぜひご賞味ください。

brasserie coron with LE CREUSET ブラッスリー コロン ウィズ ル・クルーゼ

●札幌市中央区南1条西2丁目　丸井今井札幌本店　大通館　3F h f
●TEL(011)221-4141
■10：30～19：30、不定休（百貨店の休館日に準ずる）

「北海道の農が見える、お料理とワインのお店」をコンセプトに、塚田宏幸シェフが考案した北海道の旬を楽しむお料理を提供。小規模で質にこだわった農業者が自ら配達に訪れ、彼らが食事をしている姿もしばしば。札幌産のフルーツを使ったジャム、スイーツや秋から始まる札幌黄のスープなども人気です。

（イメージ写真）

RJの店内

イタリアンレストランバー 「RJ」

●札幌市中央区南3条西2丁目　KT三条ビル　B1F　●TEL(011)233-3780 h f
■18：00～、日曜・祝日定休

㈱Jファーム（P76）の農場からの贈り物を意味するイタリアンレストラン「レガーロ・ダ・Jファーム」（苫小牧市沼ノ端地区）の姉妹店「RJ」が、2017年に札幌にオープンしました。農場でとれたばかりの高糖度ミニトマトを使ったサラダやパスタ料理、ピッツァなどが楽しめます。

池田食品株式会社 白石本店

●札幌市白石区中央1条3丁目32　●TEL(011)811-2211 h f
■月～土曜（祝日を除く）10：00～17：15

2代目社長の池田光司さんは、「サトホロイチゴ」の持ち味を生かした商品を開発。たまごボーロにホワイトチョコとイチゴのフリーズドライを重ねがけした「たまごボーロ いちごチョコ包み」や道産黒大豆をホワイトチョコとイチゴで包んだ「さっぽろちょころ イチゴ」が人気。同社HPでも購入できます。

札幌の森 教育文化会館店

●札幌市中央区北1条西13丁目　札幌市教育文化会館2階
●TEL(011)522-6142
■11：00～19：00（売り切れの際は～17：00）、教育文化会館の休館日は休み

2020年2月オープンのサンドイッチ専門店。15種類のサンドイッチと3種類のホットサンドのほか、ベイクドポテトやスープ、ドリンクなどもあります。シーズンになると北区木田農園（P68）のレタスやジャガイモなどの野菜を使用。テイクアウト店ですが、受付カウンター前の椅子やテーブルも利用できます。

アグリスケープ

●札幌市西区小別沢177 h
●TEL(011)676-8445
■ランチ12：10～15：00、ディナー17：40～21：30、完全予約制、不定休

自然に囲まれたスタイリッシュな農村レストラン。円山の有名フレンチ「SIO」の姉妹店。隣接する農地でオーガニックを基本に、西洋野菜や札幌黄など多品種を栽培。鮮度抜群の野菜と平飼いの黒毛鶏などから、女性シェフならではの感性で作り上げる料理は芸術品のよう。店内では野菜や加工品の直売もあります。

らっきょ札幌琴似本店

●札幌市西区琴似1条1丁目7-7
●TEL(011)642-6903
■11:00〜21:30、第3水曜定休

スープカレーはスープ作りが大切。毎日作るスープは、鶏ガラ、豚骨、牛すじなどのほか、タマネギやニンジン、セロリなどたくさんの野菜を使っています。札幌黄タマネギなど、できるだけ地元の素材を使用。スパイスと合わせて調整し、美味しく仕上げたスープカレーをぜひご賞味ください。

キャトルヴァン

●札幌市手稲区星置3条9丁目
●TEL(011)676-4116
■11:55〜15:00、18:00〜21:00、要予約。火曜・水曜定休(祝日の場合は営業)

店名は、お客様にいい風が吹くようにという意味を込めてフランス語の「四つの風」を意味。下手稲通りに面している欧風の建物で、道産食材を中心に添加物を使わない安心のフレンチ料理を提供しています。地元の尾池農園（P104）の「大浜みやこカボチャ」を使ったポタージュやババロアもメニューに。

水車

●札幌市手稲区手稲本町1条3丁目3-1
●TEL(011)681-2144
■10:00〜19:00、日曜定休

老舗の和菓子店で、地元の特産品「大浜みやこ」を活かした商品が人気です。「大浜だんご」は、だんごの上のカボチャの餡が絶妙。「大浜みやこ大福」は、カボチャと小豆の餡が二層になっており、カボチャの触感も楽しめます。商品はすべて無添加なので体によく、できたてで美味しいと評判も上々です。

パティスリー アンシャルロット

●札幌市北区北35条西10丁目3-15
●TEL(011)738-8088
■10:00〜19:00、不定休

オーナーの吉本晋治さんは、甘くて美味しいとほれ込んだ「大浜みやこカボチャ」を原材料に、ケーキ（8月下旬〜10月頃限定）やクッキー、プリンを製造し、店頭で販売しています。「スイーツ王国さっぽろ推進協議会」主催の「さっぽろスイーツ2008」では、グランプリを店舗が受賞しています。

ファットリアビオ北海道 工場直営店

●札幌市白石区平和通12丁目北5-20
●TEL(011)376-5260
■11:00〜17:00、日曜定休

チーズ製造における世界最高峰の歴史と技術を持つ南イタリアの農場「ファットリアビオ」のチーズマイスターたちが北海道に移住し、北海道産100％のミルクを使用したチーズを製造。「ジャパンチーズアワード2014」の2つの金賞など、さまざまな賞を受賞。マルヤマクラス店や同社HPでも購入できます。

※この情報は2020年3月調査時点のものです。
※各店舗の営業日、営業時間等の情報は変動もあります。詳細は、各店舗にお問合わせ下さい。

菓子工房 Les Cakes des Bois ケイク・デ・ボア

●札幌市豊平区月寒西3条10-1-16
●TEL(011)855-5078
■10:00～20:00(定休日の前日は19:30)、木曜日、第3水曜定休

素材にこだわり、北海道の小麦・乳製品と、その時期にとれた旬のフルーツを使用した季節感溢れるオリジナルのケーキを製造。白川地区や八剣山周辺の果樹園でとれた初夏のハスカップ、サクランボから晩秋のリンゴ、ナシに至るまで継続的に利用、常に新鮮さと香りの良さを引き出すよう心がけています。

RE di ROMA Plus 札幌常盤本店 レ・ディ・ローマ プラス

●札幌市南区常盤1条2丁目1-17 ●TEL(011)215-0033
■夏期10:00～18:00、冬期10:00～16:00、月曜定休

2006年にジェラート専門店としてオープン。増谷社長は、「サトホロイチゴ」の魅力にほれ込み、農家から直接仕入れたイチゴをソースにして、ジェラートやアイスクリームに活用、物産展でも大好評だそうです。他のイチゴでは出せない鮮やかな赤色と程よい酸味をぜひ味わってみてください。

サトホロイチゴを使ったジェラート

お店の前に立つ二神社長（右）と札幌大球生産者（左から吉田さん、三上さん、柳瀬さん）

お好み焼・焼そば 風月

●(風月株式会社)札幌市豊平区月寒東5条11丁目8-6
●TEL(011)853-3001

1967年の創業以来、北海道の良質な素材を使い、子供でも安心して食べられる商品づくりを目指しています。二神社長は、自ら畑に足繁く通うほど大の「札幌大球」ファンで、11月には収穫したばかりのキャベツを使ったお好み焼きを提供する特別イベントを各店舗（HP参照）で開催しています。

北海道メンフーズ株式会社

●札幌市中央区北2条東7丁目80-22 三和ビル1F
●TEL(011)252-9655

須貝社長は、10数年をかけ、道産小麦100%の麺生地に札幌黄タマネギを練り込んだ「札幌黄ラーメン」を開発。腰が強く、ほんのりとタマネギの甘みを感じさせる麺は、スープとの相性も抜群です。アリオ札幌店や北海道どさんこプラザ札幌店、JAさっぽろ直売所のほか、同社HPでも購入できます。

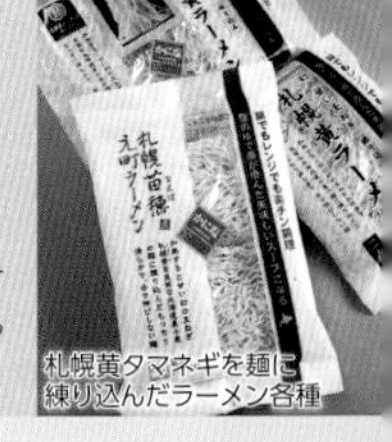
札幌黄タマネギを麺に練り込んだラーメン各種

札幌大球キャベツのニシン漬け

北日本フード株式会社

●札幌市西区八軒7条西11丁目1-48
●TEL(011)613-2080

地元の素材にこだわった漬物の「北彩庵」ブランドメーカーとして、「ニシン漬け」や「乳酸発酵キャベツ（ザワークラウト）」を開発、札幌大球オーナー制度にも提供しています。北海道神宮内の白鹿食堂や北海道どさんこプラザ札幌店、イオン発寒店・桑園店、「北彩庵」楽天市場店などで購入できます。

株式会社 北海大和

●札幌市東区北10条東16丁目1-17
●TEL(011)748-7755

北海道の素材にこだわり、美味しさと笑顔を届けたいという創業者の理念に基づき、スープなどを製造し、海外にも展開しています。「札幌黄たまねぎスープ」は、熱を加えると甘くなるという札幌黄の特徴を活かし、生姜とバジルを加え、まろやかで甘みがあります。同社HPや通販サイトで購入できます。

さっぽろとれたてっこ

札幌の農産物を広く知らせ、販売を促進するためつくられた制度があります。札幌の農業者が生産する農産物を対象とした産地表示制度で、「さっぽろとれたてっこ」制度といいます。地域ブランドを目指すもので、1998年に「さっぽろとれたてっこ」のマーク（下図）をつけた商品の販売を始めました。

とりわけ、札幌市民に「札幌産」を知ってもらい、たくさん食べてもらおう、という狙いで、地産地消の拡大を目標にしています。

さっぽろとれたてっこマーク

札幌市内の生産者もしくは札幌市内で農産物を生産している生産者が、札幌市農業振興協議会に申し込み、認められると、マークを商品などに表示することができます。

協議会は、札幌市農業協同組合、サツラク農業協同組合、北海道石狩振興局、石狩農業改良普及センター、公益社団法人札幌消費者協会、札幌市経済観光局農政部で構成・運営され、生産者と消費者をつないでいます。

また、「さっぽろとれたてっこ」の生産者は、環境に配慮し、安全・安心の向上に努めることになっており、「3か年以内ごとの土壌診断」「生産履歴に基づく肥培管理と防除管理」の2つを取り組み目標にしています。

ですから、札幌の消費者は、店舗などでこのマークを見つけたら、確実に地元産の農畜産物であり、環境と安全・安心に配慮された食材である、と分かり、安心して買い物ができるのです。また、買って食べることで、同時に札幌農業を応援することにもなるのです。

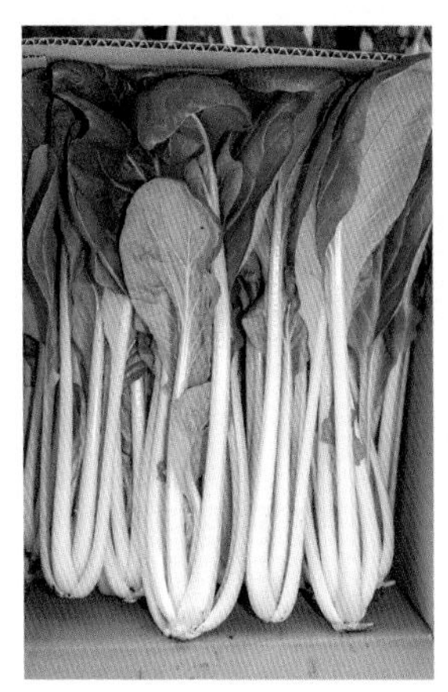

左：コマツナ　中：キャベツなど
右：ミニトマト

マルシェや食イベント花盛り

札幌市内は今日、「マルシェ」や「収穫祭」、「食イベント」が花盛りです。春から秋にかけて、市内各地で札幌産農畜産物を購入したり、食べたりすることができます。道内でも屈指、全国でもこれほどの「食」に触れられる街はそんなにありません。農業が豊かな札幌ならではですね。

なかでも「マルシェ」は開催される場所が、各区に増えてきました。必ずしも毎年開かれるとは限りませんが、これまでに例えば以下でも開催されました。

- 札幌駅前地下歩行空間チカホ(札幌駅前通下)
- 札幌駅南口駅前広場(JR札幌駅)
- 円山公園
- 札幌市民交流プラザ(中央区北1西1)
- 札幌市北3条広場アカプラ(中央区北3西4)
- MayMARCHE(中央区南22西6)
- サッポロファクトリー(中央区北2東4)
- 北海道神宮境内(中央区宮ヶ丘474)
- 三吉神社境内(中央区南1西8)
- 北海道神宮頓宮境内(中央区南2東3)
- 北海道大学構内(北区北9西9)
- 清田区役所(清田区平岡1条1丁目)
- 豊滝除雪ステーション駐車場(南区豊滝424-1)
- 五天山公園(西区福井423)

北海道大学構内農学部前で開かれた「北大マルシェ」(2019年8月)

市民団体「さっぽろ産美味しい野菜の発表会」によるマルシェ(2019年8月)

札幌市北3条広場アカプラで開かれたマルシェ（2019年8月）

「マルシェ」とはもともとフランス語で「市場」の意味。「農家の市場」を意味する英語「ファーマーズ・マーケット」の名称を使う場合もありますが、多くは、街なかにテントなどを張って、農産物を短期間販売するような場所です。また、その日の朝や前日に収穫した野菜も多く、それだけ新鮮なものを購入できます。

農協に出荷されたものを農協が販売することもありますが、多くは農家が自ら直接販売します。ですから、消費者は農家と直接話すこともできるのです。店頭では「これは農薬をかけているの？」とか、「この野菜はどうやって料理するのがおいしいの？」などの会話が弾んでいます。

中にはすっかり店の馴染みになった顧客が、農園まで出かけて行って交流するということもあり、市民が札幌農業と直接触れる格好の機会となっています。

収穫時期は作物によって異なりますから、特定の野菜や果物の旬の時期をねらって、各地のマルシェに出かけていくのも楽しみですね。

また、夏や秋は「収穫祭」や食関係イベントがいっぱい。札幌市内や近郊で収穫した農産物を販売する「さとの収穫祭」と「たまねぎフェスタ」は毎年9月にサッポロさとらんど（東区丘珠町584-2）で開催され、JAさっぽろの市内各支店では8月から10月にかけての土曜日か日曜日に、「JAまつり」や「収穫祭」の名前で、農産物の直売やステージイベントが繰り広げられます。

9月に大通公園で開かれる「さっぽろオータムフェスト」は、一角に“札幌産”が集まります。

一方、デパート各店、市内大型小売店などでも、時期には「収穫祭」や「マルシェ」の名で、札幌のおいしいものが集められ、販売されます。

加えて、私たち「札幌農業と歩む会」が開催した「あぐりカルチャーナイト」（P122-124）でも市内・近郊の農家さんが農産物を直売しました。また、市民団体が主催する「さっぽろ産美味しい野菜の発表会」でも札幌産やその料理がたくさん販売されました。今後も行われるといいですね。

新鮮で多様な“札幌産”を、直接、目と舌で味わえる機会。見逃さないように、食べ逃さないようにしましょう。

五天山公園（西区）で開かれたマルシェ（2019年8月）

さっぽろ給食事情

札幌市は2006年度から、「さっぽろ学校給食フードリサイクル」という事業を行っています。学校給食を作る過程で生まれる調理くずや残食などの生ごみを堆肥化し、その堆肥を利用して作物を栽培し、その作物を学校給食の食材に用いるという取り組みです。

現在、レタスやタマネギ、トウモロコシ、カボチャの4種類がフードリサイクルで作られ、市内10区の小中学校の給食に使われています。

給食で使われるキャベツ「札幌大球」

なかでも、清田区の学校給食は同区の野菜の生産者数が多いこともあり、JAさっぽろの協力もあって、他区よりも使われる野菜の種類が多くなっています。「清田野菜」と呼んでいるホウレンソウや札幌大球キャベツ、エダマメ「サッポロミドリ」、札幌白ゴボウ、ジャガイモ、ミニトマト、ズッキーニなども使われ、子供たちはその給食を楽しみにしています。

学校給食で子どもたちに人気の「ポーラスターが使われたピラフ」

子どもたちによるエダマメのタネまき

また、ゲストティーチャーの手を借りて校庭の一角で野菜を栽培したり、生産者から農業の話を聞いたりする機会もあります。子供たちができるだけ清田野菜に興味や関心を持ってもらうのがねらいです。北野小学校栄養教諭の三谷純子さんは「自分の住んでいる地域の特徴を知ることで地域への愛着を深め、生産者の思いや収穫までの苦労を知ると、感謝の心が育まれますね」と話します。

清田区で生産が盛んなホウレンソウ。札幌産のブランド「ポーラスター」をモチーフにしたキャラクター「ポーラちゃん」も、子どもたちには人気です。イメージソング「ポーラちゃんのうた」まで作られています。

これからも市内の各区でこうした動きが活発になり、子供たちを通して大人にも波及し、札幌の農業への関心が広がっていくことが期待されますね。

食育の大切さについても語る三谷教諭

「ポーラちゃんのうた」のCD

〈清田区内調理校12校の清田野菜使用量〉

（2019年度合計）

野菜	使用回数	使用量
「ポーラスター」ホウレンソウ	122回	2,040kg
ズッキーニ	18回	109kg
札幌白ゴボウ	38回	611kg
ジャガイモ	35回	1,365kg
トウモロコシ	4回	1,120kg
エダマメ「サッポロミドリ」	6回	248kg
「札幌大球」キャベツ	12回	300kg
ミニトマト	4回	60kg

（三谷教諭作成資料より）

第3章 札幌農業のなりたち

アイヌ語で「インカルシペ（inkar-ush-pe　眺める・いつもする・処）」[1]と呼ばれていたという山があります。見張りをする場所だったのでしょうか。札幌市街の南西に位置する**藻岩山**（もいわ）です。

1 山田秀三「北海道の地名」（2000年、草風館）p33

インカルシペから眺める

山頂付近に立つと、石狩平野の南に山々があり、西から流れてくる豊平川が眼下を北東に向かう様子が分かります。北に石狩湾が見えます。豊平川がつくった扇状地とその下流全体が見渡せます。この扇状地こそ、札幌農業と道都建設の舞台となったのです。

藻岩山頂上付近からの札幌扇状地と石狩湾の眺望。右から流れてくるのが豊平川

豊平川は、かつて「サツホロ川」と呼ばれていました。「サッ・ポロ・ペッ（sat-poro-pet　乾く・大きい・川）」が由来です。アイヌ語地名研究者、山田秀三は「札幌川（豊平川）が峡谷を出て札幌扇状地（今の市街地）で急に広がり乱流し、乾期には乾いた広い砂利河原ができる姿を呼んだのではあるまいか」[2]と推定しています。

河川の堆積作用でつくられた扇状地。扇の要に当たる扇頂（せんちょう）は川が山地から平野に向かう出口で、豊平川では**真駒内**付近。末端部の扇端（せんたん）に当たるのは、標高約15mに位置する旧札幌ビール工場から北海道大学にかけての線です[3]。

2 関秀志編「札幌の地名がわかる本」（亜璃西社、2018年）p173

3 札幌市教育委員会編「さっぽろ文庫77・地形と地質」p35

札幌扇状地から海岸まで

石山から上流では浸食が多く、土砂を運び出します。真駒内から下流では、川幅が広がり土砂の堆積が盛んになります。扇央（せんおう）の上流部は砂礫層が厚いため水が地中へ沁み、伏流水となります。それが、扇端部付近で地表に出てきます。「メム」と呼ばれた湧泉池です。

※太字は現在の地名、施設名など。

北海道大学の構内や植物園などにその痕跡があります[4]。

石狩川の下流部は低湿地で古くから泥炭地でした。道内他地域と同様、耕作はおろか歩くのも簡単ではなかったでしょう。海岸付近は農業には不向きだったこの石狩にも、乾いた大きな川がありました。それが豊平川で、上流部は乾いた土地が広がっていたため、開拓者たちの目に留まったのではないかと思われます。そして、こう考えたのでしょう。「ここなら農業ができる」「ここなら都を造ることができる」と。

〈札幌周辺の地形骨格模式図〉

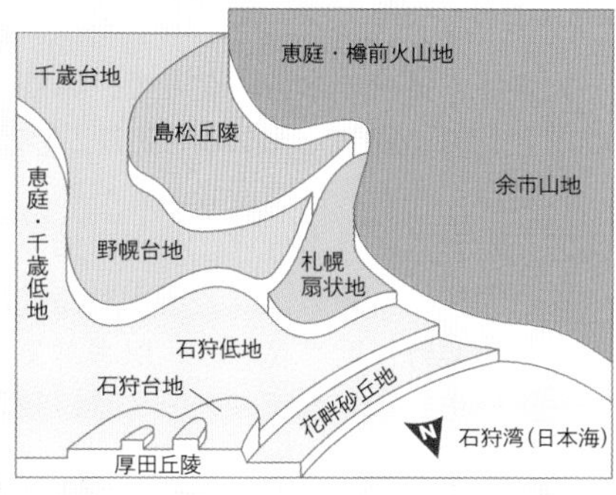

4 前田寿嗣「新版 歩こう！札幌の地形と地質」(北海道新聞社、2016年）p40-43

先人たちは可能性を発見しただけではありませんでした。多くの苦難を乗り越え、それを現実のものにしていったのです。

1　開拓と入植

江戸末期の入植

石狩地方に主にアイヌの人々が暮らしていた江戸末期。安政年間から、何人かの和人がこの地に渡り農業を試みました[5]。幕府の与力（よりき）山岡精次郎は1857年（安政4年）、琴似発寒川まで分け入り、開発を試みました。早山（そうやま）清太郎は同年、現在の宮の森に田畑を開きました。これが札幌の水田の始まりと言われています。翌年には、役人である荒井金助が篠路川流域に入り20軒前後の集落・荒井村を形成します。後の篠路村です。

5 札幌市教育委員会編「新札幌市史」第1巻通史1(札幌市、1989年)p956-982

蝦夷地開拓に大友を派遣

幕府が蝦夷地開拓に着手したのはこの3人の入植より少し前です。大きな背景は、ロシアの南下政策でした。北方警備のため幕府はまず、伊能忠敬（いのうただたか）らを蝦夷地に派遣し、測量と地図作成を行います。1800年（寛政12年）のことです。

大友亀太郎像(東区北13東16札幌村郷土記念館)

次に打った手が農業開発でした。土木工事と地域づくりに実績のあった二宮尊徳一門に「蝦夷地開拓」の白羽の矢が当たります。尊徳は弟子の大友（おおとも）亀太郎を遣りました。

創成川の基「大友堀」ひく

大友は、道南の木古内などで、幕府経営の開墾地「御手作場」の造成と経営に成功し、66年（慶応2年）に石狩開拓を命じられます。

伏籠川から石狩湾に通じ、人や物資を運べる位置にあった現在の**東区元町**付近に目を付けました。標高が比較的高く、耕作に適するここを開拓地に定め、農業用水路造成に着手します[6]。

6「東区今昔」（札幌市東区役所総務部総務課、1979年）p16-17

現在の**薄野**付近で取水し、**JR札幌駅東**、**東区役所**、**元町**付近を通り、伏籠川に落とすルート。当時の最新技術を駆使して、大きい箇所では幅9m、深さ2m、全長5.8kmの水路をわずか4カ月で完成させました[7]。これが「大友堀」で、上流部は後の**創成川**となります。

7 札幌市教育委員会編「新札幌市史」第1巻通史1（札幌市、1989年）p984

〈大友堀のルート〉

一の村新堀川（大友堀）。現在の南3条から北6条の間（出典：「温故写真帖第一集」）

元村に御手作場づくり

大友はこの水路を使って御手作場を開きます。現在の**大友公園**（東区北13東16）付近です。20戸約70人に各戸約1haの土地が割り当てられ、ダイズやヒエ、アワ、ソバなどを作付けました[8]。本格的な札幌農業の曙と言えるでしょう。また、これが元村の最初の集

8 札幌市教育委員会編「新札幌市史」第1巻通史1（札幌市、1989年）p990

落であり、後の札幌村の基です。

大友の役宅跡に現在建つのが**札幌村郷土記念館**（東区北13東16）。大友直筆の古文書などの資料＝市指定有形文化財＝がそろい、札幌農業史を学べます。

札幌に農業の灯を点し、開削した大友堀が基線となって道都が建設されたことを踏まえれば、大友こそ農業都市札幌の開祖と言える人物であり、農業が道都を築いたとも言えるでしょう。

開拓使の設置

開拓使が1869年（明治2年）に設置され、島義勇判官（しまよしたけはんがん）が札幌本府建設に着手してからは、農業投資が大々的に始まり、民間人の入植が盛んになります。

十干十二支の「庚午（こうご）」に当たる70年（同3年）に造成された村が庚午一の村（後の**苗穂村**）、二の村（**丘珠村**）、三の村（**円山村**）でした[9]。

9 札幌市教育委員会編「新札幌市史」第1巻通史1（札幌市、1989年）p88

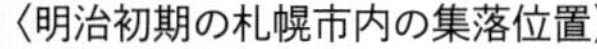
〈明治初期の札幌市内の集落位置〉

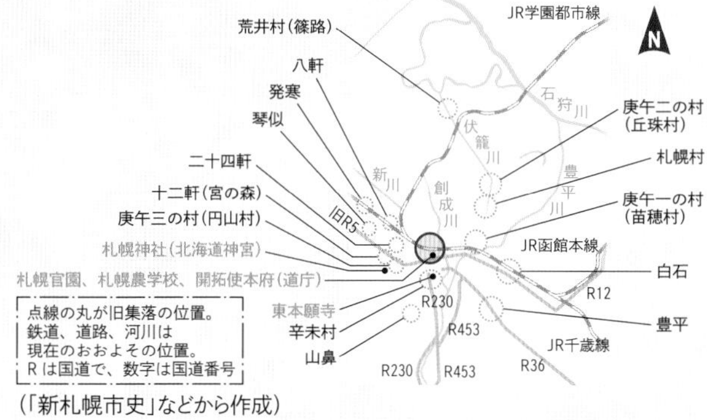

（「新札幌市史」などから作成）

「辛未（しんび）」に当たる翌年には、東本願寺付近に辛未村が出来ました。また、後に8戸が入植して現在の**西区八軒**が、12戸により現在の**中央区宮の森**（**旧十二軒**）、24戸により現在の**西区二十四軒**がつくられます。**豊平**、**白石**にも移住が進みました。

74年（同7年）に制定された屯田兵制度の下、兵村は最初に**琴似**に、次に**発寒**と**山鼻**に造成されました。

こうして、明治初期に農業を営む集落が次第に各地に形成されました。その集落群の中心の位置（地図上の赤い丸の地点）にあったのが、札幌農学校と札幌官園でした。

旧開拓使札幌本庁舎（北海道開拓の村）

2　農業の本格展開

技術の中心は札幌官園

明治初期の農業の中心になった札幌官園とは、政府直轄の農業試験場であり育種圃場です。日本最初の都市公園「旧偕楽園（かいらくえん）」に隣接。現在の北海道大学構内から北海道庁にかけての位置にありました。

さまざまな作物が札幌で栽培できるか否かをここで試したのです。開拓使は、外国の進歩した技術や人材、機材を積極導入しようとの方針を強く持っていたので、当時の人が見たこともないような種苗が多く輸入され試されました。

例えば、小麦、ビート、タマネギなどの西洋作物、リンゴやナシ、ブドウといった果樹、ビール麦、ホップなどです。牛、馬、豚、羊などの飼育試験も始まります。府県の各特産地から、麻、藍、桑、蚕などの専門家を招いて導入を図りました[10]。

1880年に偕楽園内に建設された「精華亭」。現在は市有形文化財（北区北7西7）

10 札幌市教育委員会編「さっぽろ文庫40・札幌収穫物語」p12

ケプロンの農業政策

優良な種苗、種畜を増殖しては各地に送り、産地がつくられました。同時に技術や人材が生まれ各地に広がっていきます。これが札幌や北海道の農業の土台となっていったのです。

開拓使のこうした産業振興策をリードしたのは黒田清隆長官が顧問に招いたホーレス・ケプロン元米国農務長官でした。1871年（明治4年）から4年間、官園を舞台とした種苗の育成と、農業新技術の開発に貢献しました。目指したのは「適地適作」。北海道に適するのは米国式有畜畑作農業であるとの考えでした。

ただ、入植した人たちはおコメを食べたくてしかたがありませんでした[11]。中山久蔵が73年（同6年）、島松（現在の北広島市島松）で赤毛種の栽培に成功したことで、札幌でも稲作が広がるようになります。

ホーレス・ケプロン像（中央区大通西10大通公園）

11 北海道新聞社編「北海道の食と農」（2014年）p15

札幌農学校が開校

ケプロンは同時に、後の外国人指導者たちの来日に道を開きまし

クラーク博士胸像（北区北9西7北海道大学構内）

た。76年（同9年）には札幌農学校が開校し、ウィリアム・S・クラークが教頭に着任します。新渡戸稲造、内村鑑三、宮部金吾らを育んだクラーク精神はその後、北海道大学まで受け継がれていきます[12]。

12「北大百年史　札幌農学校史料（二）」（ぎょうせい、1981年）

札幌官園が行っていた優良種苗の増殖普及は札幌農学校農園が引き継ぎます。その後は1908年（同41年）創業の民間業者、札幌興農園が種苗販売普及に貢献をします。

札幌官園と札幌農学校がともにこの地に置かれたことは、他でもなく、札幌を農業都市としていくことを意味していたのです。

札幌にともされた酪農の灯

73年（同6年）に開拓使が雇用した米国人獣医師エドウィン・ダンが牛20頭とともに来日[13]。真駒内牧牛場で牛飼育とバター・チーズ・練乳の加工製造を指導しました。

13 田辺安一編「お雇い農業教師　エドウィン・ダン」（北海道酪農協会、2008年）p15

札幌農学校は77年（同10年）、第二農場に、ウィリアム・ホイラー博士が設計した模範家畜房を建設。北海道で酪農を展開するモデル施設としました。

ダンから学んだ町村金弥氏とその長男敬貴氏は札幌などで酪農を実践します。また1925年（大正14年）には、「日本酪農の父」と呼ばれる宇都宮仙太郎氏や黒澤酉蔵氏の努力で、札幌酪農組合や北海道製酪販売組合（雪印乳業の前身）が設立されます。現在の厚別区上野幌にバター生産工場を建設しました。

この伝統は、後の札幌市内の酪農業の発展、牛乳と乳製品の生産に引き継がれ、やがて全道に広がっていきます。

札幌農学校第二農場模範畜舎。通称は「モデルバーン」（北区北19西8）

農畜産物加工が急速に発展

開拓使は官営工場を多く造りました。「官営札幌製粉所」（1873年）、「開拓使麦酒醸造所」（76年）などです。

86年に設置された北海道庁が官営工場を民間に払い下げたことにより、民間企業が製麻、製糖、葡萄酒醸造、製粉、紡績、麦酒醸造などの営みを開始します。その多くが農畜産物加工でした。前提となる農畜産物の生産が、かなりの水準に達していたため、可能となったのでした。

後の帝国製麻、札幌製糖、サッポロビールなど、札幌を代表する企業が生まれ、その後の札幌と北海道の農業関連産業の発展の基礎となっていきます。

札幌麦酒株式会社=出典：「明治32年　札幌案内」

帝国製麻株式会社札幌製品工場=札幌市公文書館提供

野菜生産の広がりと市場

今日の「札幌野菜王国」の土台もこのころ築かれました。札幌農学校から名前を変えた東北帝国大学農学部でこのころ、園芸学教室の研究が盛んになり、野菜の種苗育成と生産振興が一気に進みます。市内各地で野菜が栽培されるようになり、野菜生産量は伸びました。

明治の中ごろ、農家たちが市場に野菜を持ち込み仲買人に売る、という経済が成立していきます。「円山青物朝市」は1893年（明治26年）ごろ、南1条西11丁目付近に立ちました[14]。「円山朝市」の始まりです。その後、市街地の広がりとともに場所を西へと移動していき、名前も「札幌青物商共同購買所」や「まるやまいちば」などに変わっていきます。現在の「ミニまるいちば」（北1西24）につながっています。

14 札幌市教育委員会編「さっぽろ文庫7・札幌事始」p79

大正時代の円山朝市。北1西24付近で大通から北1条まで=札幌市公文書館提供

こうした経緯をみますと、札幌は道外の他の大都市とは異なり、たった150年の間に、農業を行うために、新たに築かれた道都であり、農業都市の礎が明治

の時代にもう出来ていた、とみることができます。今日の「驚きの豊かな都市農業」の骨格がすでにほとんど備わっていたわけです。

3　成長と戦争、復興

明治時代に土台を得た札幌農業は、その後、大正と昭和初期に、飛躍と挫折を繰り返しながらも、長い目でみると大きく成長し、概ね、第二次世界大戦後くらいまで、拡大していきます。

農業定着へ苦難の道のり

明治から大正、昭和にかけても、札幌で農業を定着させ、広げるためには、想像を絶する苦難がありました。もとは札幌一円が原始林にほぼ覆われていたわけですから無理もありません。

やっと農地を開いても、水害に見舞われ、クマやシカによる獣害や病虫害に苦しみました。現在も手稲区にある「手稲山口バッタ塚」（手稲山口324）＝札幌市指定史跡＝は、当時、札幌一円で作物を食い荒したトノサマバッタを集めて埋めた場所です[15]。

15 関秀志編「札幌の地名がわかる本」（亜璃西社、2018年）p160

経済の好不況に翻弄され

世界の経済が大きくなり、好不況や恐慌が繰り返し起きるようになると、農業はその荒波に翻弄（ほんろう）されるようになります。

1914年に第一次世界大戦が始まり、米価が暴騰し、コメ騒動が起きます。農産物価格が高騰し、豆やイモの輸出が盛んになりました。

20年には農産物価格が暴落し、農村不況の風が吹き荒れ、札幌の果樹は大打撃を受けます。30年には豊作飢饉に見舞われます。33年には、全道が豊作に湧きますが、馬産価格が暴落し、農家は打撃を受けます。

農業系団体拠点が集積

そのころ宮尾舜治（しゅんじ）道庁長官が、ドイツやデンマークの農業を模範とし、甘藷糖業、甜菜糖業の進興を図ります。また、北海道博覧会が開催され、市街化が拡大し、山鼻の農地や果樹が減少していきました。

札幌に、農会、産業組合、農業団体連合会、農地委員会などの拠点が集積していきます。これが農産加工、酪農工業、機械工業、木工業などの発展につながっていきました。

農業発展阻んだ日中戦争

農業の一大発展がこの時期に期待されましたが、それを阻んだのが1937年から8年間の日中戦争でした。札幌でも、資材や労力、肥料が不足し生産が振るわず、一方で飼料不足と馬不足も進み、荒廃地が増えていきます。

この間に畑作物は収量が半減しました。森林乱伐が進み、水田の荒廃につながりました。41年には農業生産統制令が発せられ、戦時農業要員指定がなされ、農家は収穫物も供出させられました。暗黒の時代です。

食料難から戦後復興へ

1945年に終戦を迎えても食料難は続きました。市民はカボチャやバレイショを主食にしてしのぎました。都市部の消費者が買い出しで農村に出かけ、闇値で食料をかき集め、一時成金になった農家もいました。

46年に、自作農創設特別措置法や農地調整法改正法が制定され、自作農が急増します。果樹や蔬菜、タマネギの協同組合、札幌市農業協同組合などといった各種組合が創設され、戦後復興の体制が出来上がっていきます。

また、総合的土地改良事業が全国で進みます。暗渠排水も農地に整備されました。

野菜中心の「集約的農業」

このころ札幌市は、野菜中心の「集約的農業」への転換を図り、良質農産物供給を農業政策の重点に置くようになります。

これに基づき、市は64年、農業センターを南区小金湯に開設し、新技術普及に乗り出します。特に野菜や花に力を入れます。77年には北区篠路町福移に露地野菜栽培の実験農場を造り、施設園芸団地づくりにも着手しました。

札幌市農業センターの温室内（1977年8月撮影。南区小金湯605）＝札幌市公文書館所蔵

4 都市化と国際化

農業は一転縮小へ

都市化と人口増が進み、ビルが密集する札幌市内中心部（2020年2月撮影）

札幌農業は、日中戦争前までは、長い目でみるとゆるやかに成長し、戦後に急成長した、と言うことができます。しかし、1960年代ごろ以降は、逆に農業は激しく縮小していきました。

1950年代以降の高度経済成長と、1972年の札幌冬季オリンピック開催に向けた地下鉄建設などの都市基盤整備などにより、人口が急増していきます。これに伴い都市化と商工業化の波に押され、農地の宅地化が進み、農地は減少、荒廃していきました。

札幌農業のピークは1960年前後で、農家戸数は約5000戸、経営耕地面積は田と畑で計12,000haを超えていましたが、その後は縮小し続け、農家戸数は2010年までに5分の1に縮小、2015年は807戸に、面積はピーク時の1割に近い1446haにまで落ち込みました。

〈札幌市の人口と農家戸数・耕地面積の推移〉

（札幌市統計などから作成。1950年より前と同年以後では統計種類等が異なるためグラフ上の年の間隔が異なります）

減反政策と水田転作

札幌でも明治以来、コメの増産と自給が人々の悲願でしたが、戦後の米国による小麦輸出攻勢などによって、日本人の食が欧米化し、コメ離れが加速していきました。やがてコメ余剰と食糧管理制度赤字の拡大などにより、コメの生産調整と他作物への転作の制度が1970年に始まります。

特に北海道は転作割り当てが厚く、稲作農家は苦労して転作に励みました。この影響で札幌市内でも水田面積が激減し、畑作や野菜作、畜産などに転換していきます。

経済の「国際化」の進展

同時に進んでいったのが、経済のグローバル化の波です。多くの商品のコスト低減競争が国境を越えて激しくなる中、食料輸出大国からの安価な輸入農産物は、日本農業に大きな打撃を与えました。

道内や札幌の農家も例外ではなく、耕地面積や生産量がケタ違いに大きい輸出大国とのコスト競争に勝てず、厳しい経営を強いられました。堪えられなかった場合は離農や耕作放棄地の拡大が進むことになります。

このように、札幌の商工業化と人口増、都市化、それに経済の国際化があいまって、札幌市内の農家・農業は減少、縮小してきました。

5 ルネッサンス

健康と環境への関心

輸入農産物の増大も手伝い、近年、BSE問題や残留農薬問題、遺伝子操作生物の問題など、食の安全・安心や地球環境の持続性を揺るがす出来事が相次いでいます。このため、市民の健康と環境に対する関心とともに、食の安全・安心に対するニーズが高まっています。

自然栽培のハーブ園

農家側はそうした動向を受け止め、減農薬・無農薬や有機栽培への取り組みを広げています。札幌市内でも新規就農者は特に、こうした傾向が強いようで、「健康な物を食べたいし、消費者に届けたい」といった希望を口にする若い農家も多くなってきました。

また、そうした農産物に生産者名を明記したり、栽培方法を表示したりするなど、生産履歴を確認できるような販売方法を増やしています。

顔の見える農産物販売も

従来の農協や大手バイヤーへの大量出荷とは別に、消費者の顔が見えるかたちで、直接販売する「農家直売」が広がっています。農園内直売はもちろん、マルシェや収穫祭などイベントでの販売も多くなりつつあります。

そのためか、少量でも多品目の作物を作り、珍しい野菜を含め、消費者が「欲しい」という作物や品種に挑戦するなどの、きめ細かい生産販売スタイルが生まれつつあります。

また、農家がレストランやカフェを直接経営し、育てた作物を料理したり、スイーツやスープなど加工品を製造販売したり、といった「6次産業化」が札幌でも盛んになってきました。

「農的くらし」求める市民

また、市民の中には「農的くらし」や「癒し」を農村に求めるニーズも高まっているようです。市民が貸し農園で作物栽培を楽しむ「市民農園」の人気も依然として根強いものがあります。

週末だけ、または夏休みだけ、「農」を楽しみたい、景観や空気を味わいたい、という市民の思いに、農村が応えています。

滞在型耕作や援農、「ちょこっと農業」などの形態を新たに始める農家も生まれています。

農芸舎(南区)の田で稲刈り体験を楽しむ市民たち(2019年秋)

都市人口と宅地が増えたことで、田畑が郊外に移り、縮小してきた札幌農業。しかし、札幌には200万人の消費者がいます。農業が、その消費者のニーズに向き合うことによって、大きな変化と復興の兆しが表れています。消費者にとっても豊かでハッピーな「農ライフ」を楽しめる「札幌農業ルネッサンス期」と呼ばれる時代にさしかかっているのです。

◆◆◆◆◆

札幌に本格的農業開発が始まってから約150年。振り返ってみると、札幌農業は明治の時代にその土台と骨格を形づくった後、大きく発展しました。地形や気候に恵まれる中、各地で多様な農業が生まれ育ってきました。そして、紆余曲折を経ながらも、新しい希望ある時代を迎えています。その希望が生まれてきたのは、短いようで長い歴史の必然なのかも知れません。

第4章 農業の顔、顔、顔

4つのゾーン

札幌市内の農業は、稲作、畑作、野菜作、そして果樹、畜産まで実に多様な農業形態が広がっています。全国でも指折りの多様さと豊かさを持っています。また、それが市内の各地域で、地形、地質、気候、開拓以来の歴史などによって異なり、まるで「農業のパッチワーク」のような、カラフルなゾーニングになっているところが面白いところです。

大きく言えば4つのゾーンに分けられます。

第一が、果樹園が多いのが特徴の南区の「南西ゾーン」です。果物のほかにも畜産業や棚田を使った稲作も健闘しています。南区は市面積の約6割を占め、山の景観も魅力です。

第二が、農業の歴史が市内で最も古い東区北区の「北ゾーン」。タマネギやレタス、キャベツなど葉物野菜の生産が多いゾーンです。広い農地を利用した大規模農業が特徴です。

第三が、南東部の比較的標高の高い清田・豊平・厚別・白石区の「南東ゾーン」。水と地力に恵まれ、昔は水田、今はホウレンソウ、イチゴ、コマツナ、生花などの生産が盛んです。

第四が、市の西部で互いに隣接する手稲・西・中央区の「西ゾーン」。海に近く砂地が多い手稲区ではスイカやカボチャ、西区や中央区では野菜などの生産が盛んです。

南西ゾーン

南区

南区砥山地区の果樹

札幌市の南西部には面積が大きな南区があります。山岳丘陵地帯で、標高が高く、土壌は岩石が風化した洪積土壌が主。その約4分の1は自然林ですが、豊平川の上流沿岸地域や、その支流の真駒内川沿岸地域には、平地も広がり、農業があります。

この地域は、1871年（明治4年）に石狩と胆振を結ぶ「本願寺道路」が建設され、比較的早くから開拓の鍬（くわ）がおろされました。明治20年代に札幌農学校第四農場も開設され、小作人を集めて農業発展の拠点となりました。

傾斜地が多く、大規模農業には適しない地域で、山の斜面にまで棚田が造られ、太平洋戦争後も水田が多かったのですが、水田転作政策を契機に、養豚や養鶏、野菜作が奨励され、やがて果樹に取り組む農家が増えました。その農業資源を活用した果物狩りや果物直売、農業体験、フィールドエンターテイメントなどの観光型農業が近年は盛んになっています。

まるで山水画のような山々の風景、山間に果樹園が広がる風景は、訪れる市民の憩いの場にもなっています。

年間1万人が触れ合う果樹園

 南区

砥山(とやま)ふれあい果樹園 | 瀬戸修一さん | 札幌市南区砥山84　TEL 011-596-2694

豊かに実を付けた自慢のプルーンと瀬戸さん

代表の瀬戸さんは大学卒業後、首都圏の生活協同組合役員などを務め、45歳でUターン就農。実家の果樹園を継ぎ、現在3haの園地に広がる果樹を世話しています。

園内の直売店を主に切り盛りするのはトルコ生まれのメラル夫人。来日21年の親しみやすい日本語トークをお客さんも楽しんでいます。

果樹園を2002年に現在の名称にしてからは、果物狩りを主体に経営。何より市民とのふれあいを重視しています。年間入園者数は約1万人。

地域を舞台にした食農教育と、「さくらの森まつり」「簾舞通行屋まつり」など地域の祭典には、周囲の農家とともに農産物を提供するなど積極的に参加しています。

低農薬・低化学肥料に取り組み、道のエコファーマーに認定されました。栽培果樹はハスカップ、サクランボ、ブルーベリー、プルーン、ブドウ、リンゴ、ナシなど。ジャムやジュース、梅漬けも手作り販売しています。

園内直売所　6月中旬～12月。9～17時。無休

園内直売所に並ぶ果実や加工品

ボランティアとともに歩む農園

h 南区

とよたきフルーツパーク | 篠原洋一さん | 札幌市南区豊滝52　TEL 011-596-2815

いち早く農園を市民に開放し、サクランボなどの果物狩りとパークゴルフ、トマトなど野菜や加工品の直売など、農業と観光・サービス業を融合させた農園を営んできました。

「1次産業が土台」の考えが基本。農薬を少なくし、畑で完熟したものだけを収穫、販売しています。

また、労力が足りない農家と、農的仕事を求めるボランティア市民をつなぐ組織「アシストファーム」を、周辺農家と一緒に立ち上げ、市民とともに歩む農業にも挑戦しています。

「農業が栄えなければ、6次産業化もない」と語る篠原さん

- 園内直売所・パークゴルフ　4月末〜11月。8〜17時。無休
- 果物狩り　7月上旬〜9月。8〜17時。無休

雄大な景観楽しみながら果物狩り

h f 南区

篠原果樹園 | 篠原光則さん | 札幌市南区豊滝44　TEL&FAX 011-596-2821

豊滝の小高い山の斜面に広がる約2haの果樹園。サクランボからプラム、リンゴ、ブドウなど8種類の果樹が7〜10月に実を付けます。果物狩りが主体。園内に甘い香りが漂い、良く管理された実たちを存分に味わえます。

雄大な景観を見渡せる果樹園と篠原さん

もう一つの楽しみは景観。園地内の高台で後ろを振り向くと思わず「おお」と声が出ます。豊平川沿いの盆地を簾舞から小金湯にかけて一望でき、その背後に連なる八剣山や烏帽子岳の山々を眺めることができます。

豊滝に入植して4代目。21年前に脱サラして就農し、現在は家族3人で経営しています。

札幌中心部から車で約40分。絶景と美味しい果実の溢れる桃源郷のようなこの場所がこんな近くにあることを、「札幌の幸せ」と思います。

園内直売所　7〜10月。9〜16時。雨天休

山麓で四季の食と遊びを満喫

h f 南区

八剣山果樹園 | 桜井　学さん | 札幌市南区砥山126　TEL 011-596-2280

会社員だった桜井さんは27歳の時に果樹園を引き継ぎ、この地の位置と景観の良さに魅了され、20年前に体験型観光農園として開業しました。

イチゴ（6、7月）、サクランボ（7月）、プラム（8、9月）、ジャガイモ（同）、トウモロコシ（9月）の収穫体験と直売。BBQ、乗馬、釣り堀（4～10月）、登山、キャンプ、ワークショップなどがすべてこの場所で楽しめます。冬も乗馬や犬ぞり、スノーラフティングなどで遊ぶイベントもあり、四季を通して山麓の食と遊びを満喫できます。

池の上にステージがあり、芝生にはイスとテーブルが設置されていて、イベントやコンサートも行われています。敷地内に八剣山登山道中央口があり、駐車場を開放しています。

■

バーベキューハウス　平日11～17時、土日祝～18時。水曜定休（果物シーズンと祝日は営業）

園内のすぐ隣にそびえる八剣山。ピークの岩山が間近にみえる

長いBBQハウス（中央）を中心に、アヒルのいる池や芝生広場があり、ゆったり過ごせる空間が広がる果樹園

希少な札幌産の美味しいコメ

南区

南里(なんり)農園 | 南里正博さん | 札幌市南区簾舞430　TEL 011-596-3689

簾舞は南区でも明治の開拓期から開け、コメの歴史も古い地区です。南里家は入植4代目。正博さん(69)は40数年前に就農し、コメと野菜を作り続けています。

「とれたてっこ南」の棚に並んだ南里農園産のコメと野菜

明治初期からの稲作地区の一つ「簾舞」に広がる3.5haの南里さんの水田

コメの買い上げ価格が下がったときに個人販売を始めましたが、美味しいコメしか売れないと分かり、土づくりや水の管理に気を使って、食味向上を目指しています。

札幌市内の水田面積が減り、今では市内産米としては稀少な存在となりました。個人向け販売がほとんどですが、JAさっぽろの『とれたてっこ南』(南区石山)でも購入できます。

コマツナなど野菜40種を栽培・直売

南区

今村農園 | 今村哲平さん | 札幌市南区簾舞608-1　TEL 011-302-0111

八剣山などの山々に囲まれた盆地の一角に、2.7haの畑が広がっています。

品目はコマツナ、ホウレンソウ、キャベツなど露地栽培葉菜類、トマト、キュウリ、ナスなどハウス栽培果菜類と、トウモロコシ、ジャガイモ、サツマイモも含め計約40種。

園内で販売するほか、市内の契約スーパーに直接出荷しています。農園は国道230号沿いで、立ち寄りやすいのが特徴。30歳代の哲平さんは、「直売所来店者と話すのが楽しい」と語ります。

■
園内直売所　7月上～9月下。8～17時。無休

なだらかな傾斜地に広がるコマツナ畑と今村さん

建設業経営者の夢だった果樹園

h　南区

アルシェフェルム｜株式会社アルシェ代表取締役 小仲美智子さん｜本社　札幌市豊平区月寒西4条6丁目1番18号
農園　札幌市南区豊滝420-1　TEL 090-8900-2621

もともと建設業を経営していた小仲さんは長年の夢だった自分の果樹園を2010年に開設。今ではサクランボ、ブルーベリーを中心にプルーンやハスカップ、アスパラガス、ミニトマトなど多種の果樹、野菜を生産しています。季節には果物狩りができ、園内の直売所で購入できます。景色の良いテラスで憩うのも素敵です。持続可能な農法を常に心がけ、取材時もブルーベリーについた害虫を一匹ずつ手で取り除いていましたが、ひと口に「農薬に頼らない」と言っても、それがいかに大変な作業であるかを改めて感じました。

■
園内直売所　6〜10月。8:30〜17時。不定休

古希を超えても「いつでも何でも学びは一歩から」と話す小仲さん

餌にこだわり育てた卵を直売

南区

成田養鶏場｜成田　薫さん｜札幌市南区石山1067　TEL 011-591-5736

きれいに磨いた卵を並べる母の克子さん

成田さんは、東京からの移住3代目。初代が1968年にJAの勧めで野菜から養鶏に転向し、現在では、約1万羽の鶏を飼育しています。

飼料は、非遺伝子組換えトウモロコシや、奈井江町産の飼料用米など穀物中心の飼料を自家配合しています。鶏舎隣に直売所があり、当日産んだ卵をその日から販売しています。毎朝、「トットちゃん、産んでくれてありがとう」と声をかけながら卵を集める母の克子さんの姿には、鶏たちへの愛情を感じました。

■
園内直売所　通年。10〜12時、13:30〜17時。不定休

市内養豚の伝統守る"古川ポーク"

南区

古川農場 | 古川貴朗さん・雅康さん | 札幌市南区豊滝115　TEL 011-596-4759

札幌岳の麓、清らかな水と空気の中、家族で養豚業を営む古川農場。開放式豚舎で約1000頭を飼育する、市内唯一の養豚農家です。

出荷前60日から餌は非遺伝子組替トウモロコシを使用。環境衛生管理には、一頭一頭にまでしっかり手をかけています。"古川ポーク"として知られ、主に生活クラブ生協の加工用肉に使われています。飼料には農薬も除草剤も使わないので、糞の堆肥は周辺農家に喜ばれています。

父の雅康さんは「豚や餌の改良など新技術が求められるので、頭が柔らかくないと」と、大学で経営を学んでいた息子の貴朗さんに4年前に経営をバトンタッチしました。

南区はかつて市内養豚の主産地でした。「ピーク時は石山から豊滝までに50軒の養豚場がありました。その伝統を守っていきたい」と親子で語っています。

古川農場の豚舎前に立つ貴朗さん

全道共進会でも優秀な成績を収めている豚たちと、雅康さん(左)、貴朗さん

市民と支え合い自然栽培

h f 南区

ファーム伊達家 | 伊達寛記さん | 札幌市南区藤野　TEL 090-7517-8020

農業を始めたきっかけは、妻の愛子さんと参加した農業講座だった、と話す伊達さん

無農薬、無肥料の自然栽培をしたくて国家公務員を辞め、長沼町の有機農家で研修後、2005年に南区豊滝で農地を借りて新規就農しました。

初めての農業は苦労ばかり。病虫害などと格闘しましたが、消費者会員と直接つながるCSAというシステムが支えとなり、経営を維持してきました。2018年には、藤野の住宅街に65aの農地を取得し、移転しました。

ズッキーニやダイズなど多種の野菜やサクランボを育てており、農業体験イベントも時々開いています。

「自然栽培は単なる無農薬・無肥料ではなく、土の余分な養分を抜くことが大事」といい、ヒマワリを使った吸収法などを実験し、研究を重ねています。また、多くの種苗は購入せず、栽培した作物から種子を採る自家採種を行っています。

ファームの看板作物とも言える美味しいズッキーニ

札幌で小さな田畑のある暮らし

h 南区

農芸舎 | 田坂直之さん | 札幌市南区豊滝160　TEL 090-6216-3666

長年の夢だった棚田を2013年に手にし、豊かな自然を大切にする農業を始めました。土づくりと、コメの無農薬・無化学肥料栽培に取り組んでいます。

水田は以前に作付けのない期間が長く、湛水機能が低下し、回復に苦労しました。それでも、山々からの清流と寒暖差ある気候などに支えられ棚田が復活。稲架（はさ）がけや常温籾乾燥により、高品質でおいしいコメが育っています。

「田んぼのおうち」の稲刈りで、はさがけ作業のこつなどを参加者に教える田坂さん（右）

また、「小さな農を暮らしに取り入れたい」と考える札幌の人のため「田んぼのおうち」（有料）を始めました。田畑や機械を借りて農作業を体験でき、「おうち」で自由に過ごせます。「農」が近くにある札幌ならではのうれしい企画です。

自然な美味しさある野菜たち

f 南区

コモレビファーム | 稲野辺（いなのべ）努さん | 札幌市南区滝野157-9　TEL 090-5533-3505

ハウス栽培のミニトマトを中心に、ジャガイモ、ニンジン、ナス、ピーマン、ズッキーニ、レタスなど多種類の野菜を生産しています。

化学肥料、農薬は使用せず、作物には自然の美味しさがあります。八紘学園直売所、ホクレンショップ、自然食品専門店「らる畑」などで購入できます。

「炭素循環農法」にも挑戦していますが、生育不良のケースもあり、まだ試行錯誤中とのこと。生の樹木をチップ状にして土に散布するとキノコが生えてきてアミノ酸を生成します。この分解のためには水分が必要ですが、多いとトマトの糖度が下がるので注意しています。

稲野辺さんは関東の農業系大学を卒業後、造園業に就きましたが、農薬になじめず、東日本大震災後に北海道へ移住。2014年に新規就農しました。

ハウス内のミニトマトと稲野辺さん

イチゴや果樹、野菜を農園で直売

南区

関農園 ｜ 関　聖史さん ｜ **札幌市南区藤野695-7　TEL 011-591-8887**

4月、園内の直売所に長蛇の列ができます。お目当てはイチゴ。「品種は『やよいひめ』や『よつぼし』など。お客さんの要望です」と父親の敏彦さん。イチゴを始めたきっかけも顧客の「欲しい」の声でした。

一時はホウレンソウやキュウリを多く作り、市場へ出していましたが、主産地が道内他地域に移ると価格が下がったので、多品種を直売する路線へ1996年に切り替えました。

直売所を造ったら、市内客が多く訪れるようになり、「エダマメが欲しい」「スイートコーンは?」などの要望に応えているうちに、果菜類、葉菜類、果樹と、多くの種類をハウスや露地で作るようになりました。そのころエコ・ファーマーにもなりました。

ハウスのイチゴと聖史さん(左)、敏彦さん

今では5haの園地の半分が野菜、半分が果樹。販売の半分は直売です。

■

園内直売所　4～11月下旬。8～10時、15時～売切まで

チンゲンサイ栽培一筋に

南区

新井農園 ｜ 新井伸二さん ｜ **札幌市南区簾舞462　TEL 011-596-2490**

新井さんは、会員が300名を超えるJAさっぽろそ菜部会の部会長。もっぱらチンゲンサイを、6月から10月まで夫婦で収穫しています。

チンゲンサイは同じ場所で2回、3回と栽培すると生育が悪くなることもあり、新井さんは品種や栽培法を時期で変えて工夫しています。また暑さに弱いので、夏は地温が上がらないように白いポリマルチをしています。

完成度の高い新井さんのチンゲンサイ。主にJAへ出荷していますが、市内の東光ストアや「とれたてっこ南」(南区石山)でも買えます。『新井伸二』の名前がある袋を探してください。

形も良く、根もとがきりりと締まったチンゲンサイを収穫する新井さん

庭園、果物、野外冒険、食事、紅葉…

h

フルーツテーマパーク・定山渓ファーム

札幌市南区定山渓832　TEL 011-598-4050
長谷川ファーム北海道株式会社　代表取締役社長　伊達弘恭さん

園内中心部のビジターハウス付近でも、景色を楽しみながら食事ができる。左奥はキッチンカー

風景の中に展開される英国式庭園、果物狩り、ツリーアドベンチャー、釣り堀、ピザ・ジャム作り体験、レストランなど、野外の楽しみがいっぱいのテーマパークです。札幌中心部から車で約50分。豊平峡ダムに近い山中の21haに2016年6月、誕生しました。

総面積約21haの美しい庭園の中で、季節ごとの果物を楽しめる

美しい庭園を核に造成されたパークでは、果物は6月のイチゴから始まり、サクランボ、プラム、ブルーベリー、プルーン、リンゴと10月まで続きます。秋には紅葉狩り、栗拾いもできます。

庭園には500種約13,000株の植物。ツリーアドベンチャーは、ロープにぶら下がって樹間を渡ったり、ワイヤーで高い木から滑り降りたりといった、森の中の冒険。レストランとキッチンカーでは、園内産の果物で作ったソースで味付けたパフェやピザ、ハンバーガー、ミネストローネなどを提供しています。2019年は年間5万人が来園しました。

4月末～10月末開園。無休。9～17時。入園料、各種体験料金など詳細はHPに

砥山活性化へ9農家が連携

南区

砥山農業クラブ ｜ 札幌市南区砥山地区　TEL 011-596-2694(瀬戸修一代表)

戸田秀之さん(SAPPORO FRUIT GARDEN)、瀬戸修一さん(砥山ふれあい果樹園)
西本恵美子さん(西本果樹園)、桜井るり子さん(桜井農園)、高島政弘さん(高島観光ファーム)
板倉一雄(かずお)さん(板倉農園)、亀和田俊一さん(八剣山ワイナリー)、桜井学さん(八剣山果樹園)
細貝直之さん(細貝農園)

南区砥山地区の食と農の魅力を発信しようと、農家8戸で2000年に設立した営農集団。地域イベントでの農産物販売や市民の農業体験受け入れなどに取り組んでいます。

2002年には地域振興のタネを探し育てる目的で、同クラブが呼びかけ、まちづくりボランティア組織「八剣山発見隊」を設立、地域づくりを展開しています。

翌年には、小学生とその親が会員農家の圃場で農業体験学習をする「砥山農業小学校」を始めるなど、食農教育に力を入れてきました。

クラブの活動は、農水省の「地域に根ざした食育コンクール特別賞」(2004年)や「コープさっぽろ農業賞農業交流部門札幌市長賞」(2010年)を受賞しています。

現在のメンバーは9戸。2020年度からは農場を案内する「農園ガイド」を養成し、外国人観光客や市民を対象にした有料農業体験事業に着手する計画です。

北大構内で開かれた「北大マルシェ」で農産物を販売する会員農家たち=2019年8月

北ゾーン

東区　北区

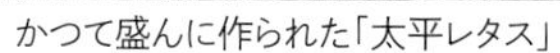

かつて盛んに作られた「太平レタス」

丘珠地区のタマネギ

札幌市の北部一帯は、大部分が札幌扇状地の扇端より低い土地。伏古川、発寒川、旧琴似川、篠路新川、創成川などの下流部が集まる低湿地です。

上流部から到達した比較的小さい砂礫が中心に堆積した沖積地で、肥沃で平坦のため、大規模農業に向いています。昔は泥炭も水分も多かったのですが、排水と客土を重ねて、現在の広大な農業地域になりました。

後の創成川となった大友堀を開削し札幌農業の土台の一つを築いた大友亀太郎。彼が最初に鍬をおろしたのも、国内のタマネギ栽培発祥の地として知られるのも現東区です。現在では、そのタマネギをはじめ、ジャガイモ、トウモロコシなど畑作物の生産も多いのですが、レタス、ブロッコリー、キャベツ、コマツナなどの葉物野菜も近年では盛んです。

また、水田に代わって牧草など飼料作物が育てられ、酪農家も点在しています。また、札幌農業の今日の拠点である「サッポロさとらんど」があるのもこの地域です。

とれたて野菜を「とれたす。」で直売

北区

木田(きだ)農園 ｜ 木田和良さん ｜ 札幌市北区篠路町拓北82-16　TEL 011-771-3536

北ゾーン

紫ケールの畑に立つ木田さん

園内の道路沿いに位置する直売所「とれたす。」

「とれたす。」店内に並んだ、木田農園と近隣農家の野菜

拓北小学校ならびの道路沿いに、野菜がたくさん「とれた」と「レタス」農家をくっ付けて名付けられた、「農家の直売、とれたす。」の大きな看板が目印の直売所があります。

木田さんは、レタス、トマト、ブロッコリー、ピーマン、エダマメ、インゲン、ナス、トウモロコシ、ジャガイモ、タマネギ、長ネギなど40品目もの野菜を3.5haの畑で作っています。中でもレタスは、リーフレタス、コスレタス、サニーレタス、玉レタス、フリルレタスなど7種類を栽培しているほか、マー坊ナスや紫ケール、ロマネスコ、パープルフラワーなど珍しい野菜にも挑戦しています。

木田さんは、自園内に建設した直売所「とれたす。」で、近隣7戸の農家の野菜も合わせて販売。ナチュラルに育てた新鮮な野菜をとったその場で買える直売所として、人気を集めています。

「とれたす。」 6～10月。10～14時、15～18時。水曜定休

新規就農者も育てる多彩な農園

h f 北区

いきいきファーム | 吉岡宏直さん | 札幌市北区屯田町721　TEL 011-771-3370

研修生たちに作物の生産から販売までの全体を実地で教えている吉岡さん

もともと北海道の農業改良普及員だった吉岡さんは、定年後に、持ち前の技術力を生かして父親の農地を継承し、現在はジャガイモやトマトから、伝統野菜の札幌大長ナンバン、辛さでは世界有数といわれるトウガラシまでいろいろな種類の野菜類を生産しています。

また、札幌市と共同で「いきいきファーム」という研修事業にも取り組み、都会から農業を志して就農しようとする人を、一人前の担い手に育てようと日々の指導にも熱が入ります。

研修生たちは、それぞれ責任をもって、生産から販売までを受け持つことになるので、お客さんに商品の説明をする時も真剣そのもの。ここから巣立った新しい農業者が札幌の農業・農地を守り、いきいきと経営する日が待ち遠しいですね。研修生はいつでも募集しています。

夏には農園直売所に市民がよく訪れる

- **園内直売所**：7月中旬～10月中旬の土・日曜日。9：30～14時
- **イチゴ狩り**：5、6月ごろ
- **収穫体験**：野菜8月上旬～、ジャガイモ8月下旬～。期間中随時受付

北ゾーン

大規模畑作と豊富な体験メニュー

h f 北区

とれた小屋ふじい農場 ｜ 北海道・藤井ファーム・ラボ株式会社

札幌市北区篠路町拓北243-2　TEL 011-773-5519

北ゾーン

代表の藤井徹さんは徳島から入植した5代目。農業経営を2018年に法人化し、農地80haでの生産から加工・販売まで手がける、市内最大規模の畑作農家です。

有機肥料を使い、農薬は最小限にとどめ、小麦や米を中心に、多品目の野菜を生産しています。通年オープンの「とれた小屋農産物直売所」では、アスパラガス、ホウレンソウ、ブロッコリー、トマトなど、旬の野菜はもとより、コメ（ゆめぴりか）や越冬野菜、自家加工品（黒ニンニク、青南蛮の三升漬）など、品揃えも豊富です。

また、多くの人に農業にふれてほしいと、トウモロコシやトマト、ジャガイモの収穫体験や、市民農園（100区画）の開設のほか、冬季には、近くの茨戸川でのワカサギ釣りや、雪に覆われた畑でのスノーモービルやバナナボートなど、様々な体験メニューを用意し、農業と観光業を組み合わせた都市型農業の拡大により、若手農業者の通年雇用を実現させています。

道路沿いの大きな看板と藤井さん

直売店内で、とれたてのトウモロコシを手にする夫人の正子さん

「とれた小屋農産物直売所」通年。9時～品切れまで。不定休。

自慢のレタスは全市小中学校給食に

北区

関戸(せきど)農園 | 関戸英樹さん | **札幌市北区西茨戸3条1丁目1-5**

元気の良いブロッコリーと関戸英樹さん（左）、大輔さん

先々代が愛知県から入植しました。息子の大輔さんと、9.5haの畑で、レタス、ブロッコリー、イチゴを生産しています。食品残さリサイクル堆肥や落ち葉堆肥、緑肥を利用するなど、土壌改善に努めています。

また、自慢のレタスやブロッコリーは、市内の小中学校の給食に提供。給食残さを堆肥に使う市のフードリサイクル事業に参加しています。

6月下旬～7月中旬には、自宅前でイチゴの直売も行っており、毎朝地元の人々が訪れ、わずか1～2時間で売り切れるそうです。イチゴの品種は「けんたろう」や「宝交早生」など。

イチゴ直売所（自宅前） 6月下旬～7月中旬ごろ。7時から売り切れまで。もぎ取りは行っていない

親子2代で挑む新しい農業

北区

百合が原(ゆりがはら)ファーム（熊木基雄さん）・**熊木(くまき)農園**（熊木大輔さん）

札幌市北区百合が原4丁目2-7　TEL 011-751-2056

自慢のトウモロコシを手に語る基雄さん

札幌市の農業委員を長く務める基雄さんは、かつて自分が手塩にかけたダイコンが二束三文でしか売れなかったことから、「自分が納得して作ったものを納得できる価格で販売したい」という思いを大切に、いつも夫人とともに新たな品種や品目に挑戦しています。

またタマネギは、長男の大輔さんが経営の責任者となって農薬の低減に取り組み、学校給食にも提供しています。伝統品種「札幌黄」や辛味が少ない品種「トヨヒラ」（愛称「さらら」）など消費者に喜んでもらえるような品種選びにも配慮しています。

タマネギを運搬する大輔さん

副読本に登場するタマネギ部会長

北区

澤田農園 | 澤田喜幸(よしゆき)さん | **札幌市北区篠路町上篠路**

7haの畑でタマネギのみを栽培している澤田さんは、現在のJAさっぽろタマネギ部会の会長さんです。小学校3年生の社会科副読本に登場し、自らも小学校で講師を務め、タマネギの歴史などを子どもたちに教えています。

タマネギ作りにひたむきに取り組んでいる澤田さん

市内では比較的大規模の作付けで、それに見合った大型のトラクターや農薬散布機、苗の移植機、収穫機などを導入し効率的な作業を行っていますが、「気象災害などがあると経営は大変」と話します。

それでも家族とともに、「札幌にタマネギあり」という自負を持って作業に立ち向かう姿は、明治時代にタマネギに挑戦してきた先人たちと重なります。

タマネギを給食に提供、リサイクルも

北区

博栄(はくえい)農園 | 大萱生勝(おおがゆまさる)さん | **札幌市北区篠路町上篠路**

8haの畑でタマネギを専門的に作付けしています。有機質入りの肥料を使い土づくりに努めています。チャレンジ精神旺盛で、学校給食の食べ残しを堆肥にして畑に投入し、できたタマネギを学校給食に提供するというフードリサイクル事業にも率先して取り組んできました。

収穫したばかりのタマネギを選別する大萱生さん

札幌黄の改良種であるオリジナルの品種「さつおう」を現在も学校給食に提供している数少ない生産者の一人です。

栽培のポイントを尋ねると「当たり前のことを当たり前にやるだけ」との返事ですが、実はそれが一番難しいこと。タマネギを手にしてみると、肌がきれいで、球全体の締まりが良い一級品です。大萱生さんの自信と誇りを感じました。

ダッタンソバを有機栽培、製粉、調理

h f

長命庵農園（ちょうめいあん） | 森清さん | 札幌市北区篠路町上篠路　TEL 011-621-8958（店舗）

健康機能性成分を含むといわれるキクイモ（黄色い花）の栽培にも取り組む森さん

ダッタンソバは、血圧降下作用などが期待されるルチンが普通ソバの数十倍と言われます。これにいち早く着目し、全国に先駆けて栽培を始めたのが森さん。2003年に農業参入を果たし、農薬や化学肥料を使わない自社有機JAS農場で栽培し、製粉から製麺、調理まで行っています。

土づくりなど既存の農家顔負けの栽培技術を身に着け、2012年には全国そば農家の部で農林水産大臣賞を受賞しました。

また、「ダッタン新そばまつり」や「ガレットまつり」の創設などアイデアマンでも知られ、常に普及の先頭に立ってきました。2012年に開発・登録された苦みが少ない新品種「満天きらり」も追い風になり、地下鉄西28丁目駅直結の直営そば店「長命庵」では、ダッタンソバの注文が全体の7割以上。麺製品やダッタンソバ茶などは店舗内にとどまらずネットショップでも人気を集めています。

森さんは「健康に関心を持つ人に知名度が広がっている。さらに取り組みを進めたい」と話します。

「長命庵」（中央区北3条西28丁目）　日祝日休。平日11～16時、土曜11～15時。

長命庵のメニューの一つ「韃靼（だったん）そばせいろ」

ダッタンソバを食べられる長命庵

レタスや伝統野菜の白ゴボウも栽培

北区

山本農園 ｜ 山本和夫さん ｜ 札幌市北区篠路町篠路

　昔は野菜の販売業を営んでいただけに、商品を見る目は厳しく、農法を研究し、最高の品質を目指しています。

　リーフ型レタスでは市場評価の高い第一人者ですが、キャベツやハクサイ、札幌伝統野菜の白ゴボウなどにも挑戦しています。白ゴボウは秋から出荷が始まり、翌夏までJAさっぽろの「しのろとれたてっこ生産者直売所」や、木田農園直売所「とれたす。」でも買うことができます。

畑で自慢の白ゴボウを手にする山本さん

親子でレタス、ブロッコリー、ゴボウ

北区

続木(つづき)農園 ｜ 続木一也(かずや)さん ｜ 札幌市北区篠路

　父親の準一さんとともに約10haを耕作するレタス農家です。他にはブロッコリーやゴボウなどを作っており、特に篠路特産のゴボウは秋の抜き取り作業が重労働を伴いますが、「生活クラブ生協など多くのお客さんに期待されている以上やめられない」といいます。

　息子さんの一也さんには、令和への改元を機に経営移譲。主な出荷先は札幌中央卸売市場ですが、「しのろとれたてっこ生産者直売所」（篠路3条10）を支える心強い存在でもあります。

広いレタス畑で、農業を語る一也さん（左）と準一さん

レタス・ブロッコリーの専業農家

北区

堀尾(ほりお)農園 ｜ 堀尾信弘さん ｜ 札幌市北区拓北

　堀尾さんは22年ほど前、父親の病気を機にUターン就農。それまでのタマネギから転向してレタスなど洋菜栽培中心の経営を始めました。短期間のうちに技術を身に着けた専業農家です。篠路町拓北地域を中心に、計5haにレタスやブロッコリーなどを作付け、6月から11月まで切れ目なく出荷しています。大規模ながら地道に土づくりに励むとともに、除草剤を使わないなど、人と環境にやさしい農業を心がけています。

リーフレタスの収穫作業。右が堀尾さん

ハイテク最先端工場45棟で野菜生産

h 東区

アド・ワン・ファーム丘珠農場 ｜ 株式会社アド・ワン・ファーム

札幌市東区丘珠町697-1　TEL 011-374-8655

巨大な植物工場内で育つサンチュと宮本有也代表取締役

45棟のハウスはハイテクを駆使した最先端の野菜工場。養液を完全に管理した土耕栽培と、コンピューター制御の水耕栽培で、太陽の恵みを受けた作物が育っています。

長沼、豊浦にも同様の農場があり、栄養価が高いとされるオランダのサラダ野菜「サラノバレタス」や、ベビーリーフ、ミニトマト、ミツバ、小ネギなど14種類以上の『nanaブランド』の野菜を、通年栽培しています。

なかでも丘珠農場は、コンピューター制御による低温野菜管理・検品・パックシステム・低温出荷を実現。新鮮さを損なわない衛生管理が可能で、2018年にはASIAGAP認証を取得しました。

また、道内初のバニラビーンズ量産を目指し、17年から石屋製菓㈱と協力してバニラの試験栽培を行っています。

気象に負けず通年生産できる農業。宮本有(ゆう)也(や)代表取締役は「農業が強い国は未来が明るい。若い人が次々と参加できる産業にしたい」と話します。

IT化されたパックシステムのラインに載ったベビーリーフなどの葉菜類

見学申し込み、問い合わせはホームページへ

植物工場で高糖度ミニトマト生産

h f 東区

㈱J(じぇい)ファーム札幌工場 | ㈱Jファーム | 札幌市東区丘珠町840　TEL 011-768-8655

北ゾーン

スタッフたちと、ずらり並んだミニトマトの株

清掃工場の焼却炉や水道浄水場、エネルギー等のプラント設計施工を主とするJFEエンジニアリング㈱がこれまでに蓄積した技術を統合して、2013年に農業分野に進出、植物工場を始めました。苫小牧でスタートし、2017年1月には札幌でも生産を開始しました。

オランダ型大温室は雪にも負けない構造で、一年を通して生産が可能です。オランダの環境制御方式を北海道の気象条件に合うように調整し、室内環境や水・肥料をコンピュータでコントロールすることにより高糖度のミニトマトを生産し、国内外に広く出荷しています。

代表の石島武さんは「安定した美味しさと同時にバイオマスボイラーの活用など環境負荷軽減を実現しています」と話します。

隣接する直売所では工場直送のミニトマトと加工品が並んでいます。運が良ければお値ごろな訳あり商品に出会えるかも。

植物工場で生産された
高糖度ミニトマト

敷地内直売所「PIRIKa(ピリカ) Sapporo」
10～15時。水日曜日・年末年始休。
090-1646-8269
工場見学は受け付けていません。

タマネギを全市の学校給食に提供

北区

鷲尾農園 ｜ 鷲尾和義さん ｜ **札幌市北区篠路町上篠路101**

上篠路地区でタマネギを栽培する4代目農家。20年以上前から農薬を減らし、食味の良い品種を探すなどの努力が実り、今は全市的な学校給食にも採用されています。

これまでの土づくりや品種選択のノウハウを生かして、他には無いような珍しい品目も生産・出荷しています。

長男の浩庸さんも一緒に農作業。2020年夏には自宅前に直売所をオープンし、タマネギやナスなど野菜類を販売する予定です。「加工品づくりにも取り組みたい」と抱負を語っています。

収穫したばかりのタマネギと鷲尾さん

ミニトマト、ナス、クウシンサイ…

東区

荒木農園 ｜ 荒木徹也さん ｜ **札幌市東区丘珠町566-2**

「その日に、そのまま食卓に乗せられ、安価で手に取りやすい作物を作ろう」（荒木さん）をモットーに、ミニトマト、タマネギ、パプリカ、ナス、ジャガイモなど、少量多品種を生産、自宅前の直売所で販売しています。

熱帯アジア原産のクウシンサイは、東南アジア系の料理店が増えたことなどから栽培を始めました。シャキシャキとした歯ざわりを生かした炒め物がおすすめです。自宅前直売所は7～10月、9:30～18:00営業。不定休。

多種の野菜を作っている荒木さん夫妻

新品種の開発に挑む、花き専業農家

東区

カナンテクノ株式会社 ｜ 代表取締役　久保木　篤さん

札幌市東区丘珠町696番地　TEL 090-6876-5539

久保木さんは2008年秋に新規就農。息子の真道さんとともに、長期間楽しめる高品質な花苗・鉢花の生産に日々努力しており、特にシクラメンでは、大量培養技術を使い、国内外の育種家と協力して新品種の開発に取り組んでいます。春には花苗や野菜苗を販売するほか、冬にはシクラメンのセールも実施。

久保木さん親子

園内直売所　4月中旬～6月中旬は無休、10:30～17時。11～12月はセール期間を除き土日祝休、11～16時

食の安全、環境保全目指す"緑の農場"

h 東区

ヴェール農場 | ㈲グリーン坂東、北海道アグリ企画㈱

札幌市東区丘珠町494-56　TEL 011-781-8559

北ゾーン

土づくりに熱心に取り組んできた畑でタマネギを手にする坂東さん

農場名の「ヴェール」はフランス語で「緑の」の意。代表取締役社長の坂東達雄さんは、丘珠農場では、有機栽培のニンニクを、江別市角山442-4の江別農場では、広大で肥沃な土地で、直播によるタマネギ（札幌黄）を中心に、ジャガイモやトウモロコシなど、一部有機農産物を含め各種の野菜を生産し、ネット販売もしています。丘珠の直売所では、自家製造した乾燥タマネギも人気です。

また、消費者に食や農業への関心を深めてもらおうと、8〜9月の土曜・日曜に、江別農場で「収穫体験祭」を開催し、大勢の市民で賑わっています。

2009年には農業生産工程管理認証「JGAP」を取得。17年には「札幌黄」の地域農産物マイスターに認定されました。タマネギの腐敗や傷みを発見する光センサー（色彩）を18年に導入し、「農産物の安全を確保し消費者を守り、地球環境の保全と持続的な農業を確立したい」と熱心に取り組んでいます。

多くの消費者が参加した収穫体験祭（江別農場）

「ヴェール農場選果直売所」（丘珠）通年。9〜17時。不定休

フロンティア精神あふれる農園

東区

岩田(いわた)農園 | 岩田義輝(よしてる)さん | 札幌市東区丘珠町651番地50

父親の謙次さんから経営を受け継ぎタマネギを中心に耕作している義輝さんは、1976年生まれのしっかりとした若手農業者です。約10haの畑で、「札幌黄」やサラダ用タマネギなどのほか、農薬使用を抑えたジャガイモやトウモロコシなどを作付け、苗穂・丘珠通り沿いの自宅前倉庫で直売しています。

広いタマネギ畑と岩田さん

タマネギは、古くから「岩田さんの札幌黄」というラベルを貼って販売するなど、顔の見える販売にひと足早く取り組んできました。「今後は、(農業生産工程管理認証の)GAP取得を目指しながら、安全性と健康機能性を追求していきたい」と語っています。農園のフロンティア精神を感じますね。

園内直売所　9～10月。無休。8～18時

タマネギ発祥地で札幌黄作り続ける

東区

岩波(いわなみ)農園 | 岩波充彦さん | 札幌市東区北23条東23丁目1-9　TEL 011-782-5667

長野県諏訪から入植した曾祖父が、明治28年から、日本のタマネギ栽培発祥の地とされる札幌村(現在の東区元町)で、タマネギの栽培を始めました。岩波さんはその4代目です。

今では、住宅街に囲まれた畑になりましたが、農地を守りながらタマネギ専業農家を続けています。

札幌伝統野菜の「札幌黄」が中心ですが、「北もみじ」や紫タマネギも作り、合わせて年間約100トンにもなります。直売所では、消費者やシェフなど、遠方からも訪れる多くの顧客とふれあいながら、「札幌黄」の魅力を伝えています。

直売所で札幌黄の魅力を伝える岩波さん

園内直売所　9月中旬～10月下旬。
9～17時。不定休

窒素肥料を抑えたコマツナ給食へ

東区

三澤(みさわ)農園 | 三澤哲也さん | **札幌市東区丘珠町700**

哲也さんと父親の浩一(こういち)さんがともに農業を営む家族型の専業農家で、札幌を代表するコマツナ生産グループの主要メンバーです。タマネギの生産が盛んな地域ですが、三澤さんは作物をあえてコマツナ、アスパラガスに絞り込み、全量をハウスで栽培。コマツナは札幌の学校給食にも採用されています。

コマツナを計量しながら袋詰めする哲也さん（右）と浩一さん

窒素の土壌残存量を測定する土壌診断技術などを積極的に取り入れ、肥料の量を最小限に抑えています。また農薬を減らすため防虫ネットを使っています。生産安定とともに、低コストで環境にも優しい農業を目指しています。

造園会社とベテラン農家がコラボ

東区

蝦夷丘珠(えぞおかだま)ファーム | 長谷則一(はせのりいち)さん | **札幌市東区丘珠町555-5　TEL 011-783-5411**（市川造園）

農業の担い手不足が叫ばれる中、造園業の市川造園がベテラン農家の長谷さんと共同で立ち上げたのがこの農園です。

営農部門の責任者である林公一さんは、札幌市農業支援センターの管理も担当しており、幅広い知識と経験に基づいてトマトやイチゴ、ジャガイモなどを育てています。一方、長谷さんは長年のタマネギ栽培経験を生かして、札幌黄の改良種「さつおう」などを生産しています。

道道札幌当別線を北向きに走ると、サッポロさとらんどの少し手前左側に直売所の看板が見えます。朝一番で取れたアスパラガスは、市川造園事務所に隣接した「ガーデニングショップマイン」内で購入できます。

ハウスのミニトマトと林さん

園内直売所　9～10月。8：30～17時。無休
「ガーデニングショップマイン」（東区伏古14条3）　5～10月中旬。9～18時。不定休

有機JAS認証のブルーベリー農園

h f 東区

ブルーベリーさっぽろ ｜ 宮本とも絵さん ｜ 札幌市東区中沼町127-23　TEL 090-7641-6366

ブルーベリーの様子を一本一本確かめる宮本さん

設備業を営んでいた父親の夢が無農薬のブルーベリー果樹園を開くことでした。2007年、ようやくその夢がかなって市内北東部のモエレ沼公園近くに60aのブルーベリー農園を開設することができました。

10品種で2,600本もありますが、一本一本が大切に育てられています。中には500円玉ほどの大きさになる品種もあります。

宮本さんは、母親とともに農園を切り盛りし、農薬などに厳しい制限がある有機栽培にも挑戦しました。虫を手で取り除く作業の連続でしたが、2014年にようやく有機JAS認証を得ることができました。安心して食べられる摘み取り観光農園として、子どもたちも多く来園しています。

また、とれたての果実を使ったスムージーやパフェも園内で販売しています。家族連れで楽しめる憩いの空間ですね。

市内イベントや園内で販売している
ブルーベリースムージー

摘み取り　7月中旬～8月下旬。9～15時。
有料持ち帰り可

「札幌黄」の自家採種に情熱注ぐ

東区

佐々木農園 | 佐々木幸順(こうじゅん)さん | **札幌市東区丘珠町267番地**

白い花がいっせいに開花した札幌黄と佐々木さん

佐々木さんは、タマネギ農家の4代目。病気に弱く、栽培しづらいといわれる「札幌黄」ですが、佐々木農園のタマネギの作付面積約4.5haのうち、「札幌黄」は増加傾向にあり、現在約2ha。良質なタマネギづくりに精力を注いでいます。

とりわけ、「札幌黄」の種子を自園で採る自家採種には手間を惜しみません。経験に裏打ちされた選抜の技術で、発芽率も高く、採種量は札幌でナンバーワン。周囲の札幌黄栽培農家に種子を供給し、伝統野菜の維持・発展に大きな役割を果たしています。

収穫を迎える9月下旬頃には、自宅前に直売所を開設、在庫がなくなる12月まで、自慢のタマネギを販売しており、その甘みや旨さに魅せられ「札幌黄」にこだわるレストランはもとより、「札幌黄」ファンの市民からの引き合いも多いのも特長です。

佐々木農園を見学する「さっぽろ農業見聞録・東区編」の参加市民ら

自宅前直売所　9月下旬～12月。
9～17時。不定休

市退職後に帰農、直売・貸農園も

h　東区

富樫(とがし)農場 | 富樫善昭さん | 札幌市東区北丘珠2条4丁目4-23　TEL 011-790-7207

農場の直売所前で語る富樫さん

札幌市役所を定年退職した後、親の農地で帰農しました。市が運営する新規就農者養成講座「さっぽろ農学校」で学び、農業を始めたのは2010年。徐々に農地を借り入れながら経営を拡大し、今は約2haの畑でタマネギ、ジャガイモ、スイートコーン、トマトなどの野菜を栽培し、農場内で直売しています。

農薬や化学肥料にできるだけ依存せず、持続可能な農業を目指す一方、ホームセンターと連携して貸農園を始めたり、電話1本でトマトのもぎ取り体験を受け入れたりするなど、実に柔軟な経営スタイルが印象的です。

富樫農場直売所　7～11月。10～18時。不定休
- 「とがし・DCMホーマック農園」(農場近く)　5～10月。45㎡48区画。011-892-6820(ホーマック貸農園受付)

生産した札幌黄などをスープ加工

h f　東区

Mummy's Farm(マミーズファーム) | 合同会社Supply Crops | 札幌市東区伏古8条5丁目4-5　TEL 011-211-8333

農業生産と食品加工販売の6次産業に取り組んでいます。経営者は札幌では珍しい若手の女性、後藤亜弥華(あやか)さん。10年ほど前に、父親と一緒にタマネギの生産を始めました。

現在は、札幌黄タマネギ(特別栽培)やトウモロコシ(農薬不使用)などを生産。これら素材にこだわったスープを加工販売しています。横井珈琲パセオ店(北区北6西2)などで提供されています。

会社のコンセプトは“農×食×美”のComfy Agrilife(心地よいアグリな生活)。飲食業の経験を活かし、消費者に魅力的な商品を追求しています。後藤さんは「将来は健康的な生活提案の場として街中にスープスタンドを出店するのが夢です」と語ります。

収穫直後のタマネギを車の荷台に積み込む後藤さん

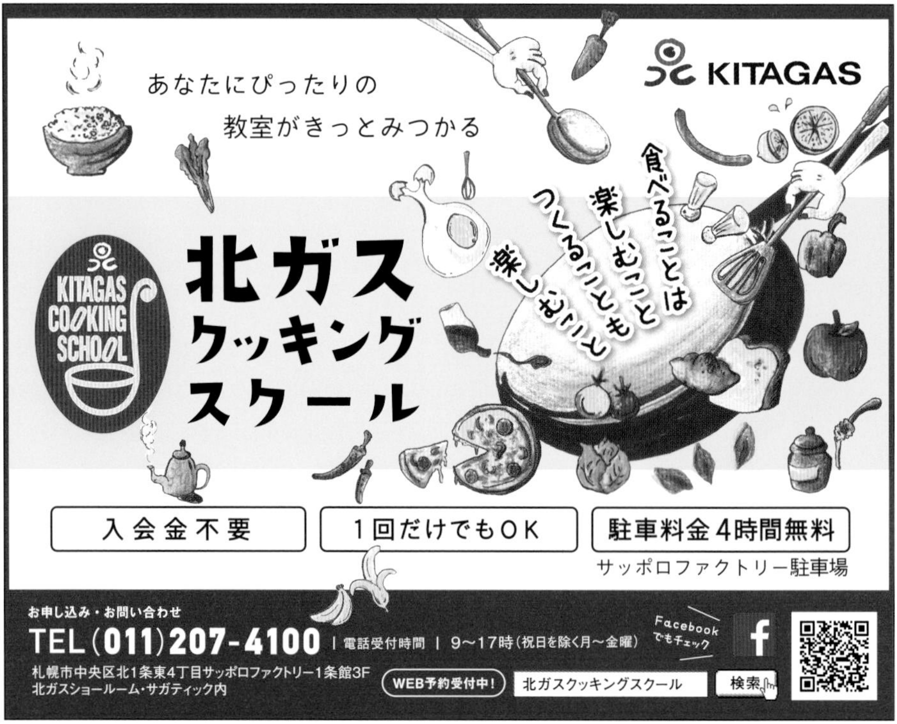
KITAGAS
あなたにぴったりの
教室がきっとみつかる
KITAGAS COOKING SCHOOL
北ガス
クッキング
スクール
食べることは
楽しむこと
つくることも
楽しむこと
入会金不要
1回だけでもOK
駐車料金4時間無料
サッポロファクトリー駐車場
お申し込み・お問い合わせ
TEL (011) 207-4100 | 電話受付時間 | 9〜17時(祝日を除く月〜金曜)
札幌市中央区北1条東4丁目サッポロファクトリー1条館3F
北ガスショールーム・サガティック内
Facebookでもチェック
WEB予約受付中!
北ガスクッキングスクール
検索

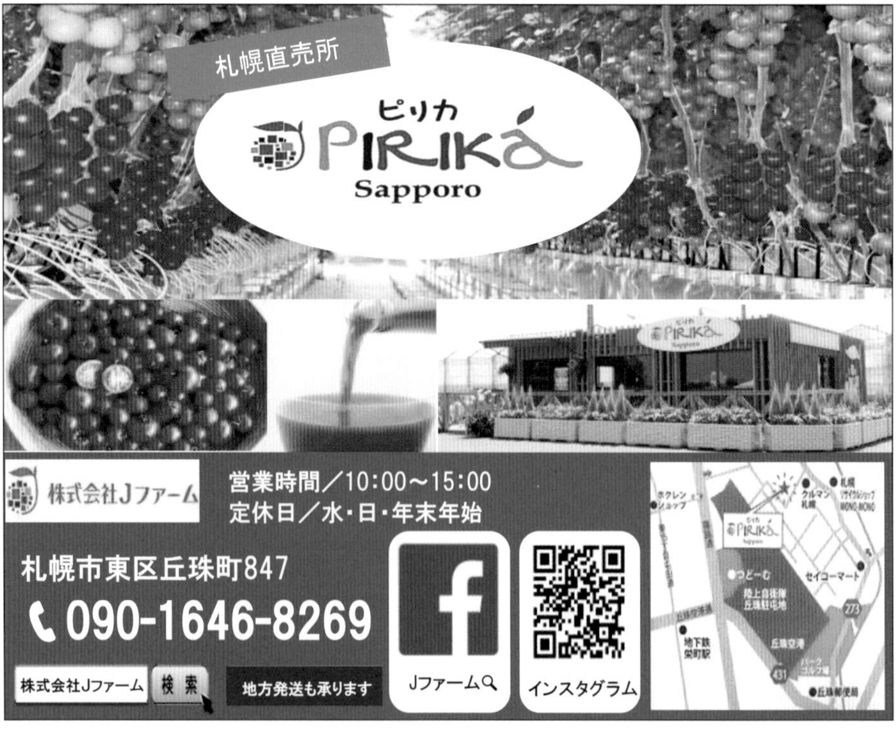
札幌直売所
ピリカ
PIRIKA
Sapporo
株式会社Jファーム
営業時間/10:00〜15:00
定休日/水・日・年末年始
札幌市東区丘珠町847
090-1646-8269
株式会社Jファーム
検索
地方発送も承ります
Jファーム
インスタグラム

南東ゾーン

清田区　豊平区
厚別区　白石区

かつては露地でも栽培されたホウレンソウ

札幌市の南東部は、豊平川より西の比較的高台の地域です。北部は豊平川がつくった札幌扇状地の扇央部分で、豊平、白石両区役所を中心とした一帯に農業が広がっていました。また、白幡山と焼山の東側を流れる厚別川の流域にももう一つの農業地域があります。

この地域には樽前山などの火山灰が降り積もった「恵庭ローム層」もあり、この火山灰はとても栄養分が高いので作物が良く育ちます。また、この火山灰層の中で濾過された水がとてもきれいです。

そのため、昔から農業が盛んで、特に水田はかなりの面積を占めた時代があります。そのため、最南部は「清田区」と名付けられたのです。

積極的な土壌改良によって、比較的高収益な野菜や花き類が作られるようになりました。現在はホウレンソウや小松菜などの野菜、宿根カスミソウなどの切り花類の栽培が盛んです。ホウレンソウは道内各地で作られていますが、ほとんどがハウス内で肥料を施します。露地でも育ち、市場で高く売れるのは、土地が肥沃な札幌南東部だけです。

マンション街の無農薬野菜畑

白石区

菅野(かんの)農園 | 宮﨑勝吉(かつよし)さん | 札幌市白石区3条3丁目

マンションに囲まれた畑と宮﨑さん

地下鉄東札幌駅に近いマンション街の一角に2haの畑。トウモロコシ、トマト、ナス、ズッキーニなど計約30種類が無農薬で栽培されています。作り手は宮﨑さん。フランスで料理を5年間学んだ元シェフです。

2003年にフランスへ渡り、パリ市内のビストロ(小レストラン)で働きながら料理を学び、「マルシェやブドウ畑にも店のスタッフと行っていた」と言います。もともと農業に興味があったので、野菜栽培も学びました。フランスではシェフが畑に出かけて農家から直接購入したり、自分で栽培したり、といったことがよくあるそうです。

帰国した35歳の時、野菜農家だった伯母から畑の一部を受け継ぎ、新規就農して野菜栽培を始めます。今では市内の消費者や料理人が畑を訪れ、野菜を購入しています。畑近くの子供たちの農業体験も受け入れています。

「将来はこの辺りにレストランを造り、料理と栽培をしたい」。夢のビストロが、札幌市民も待ち遠しいところです。

■
「園内直売所」 8〜10月中旬。7〜11時。雨天休

生長を始めたカボチャ。珍しい野菜も多い

南東ゾーン

人々を元気にする食を自然栽培で

h f 白石区

ときの森 衣食住 | 西山邦宏さん | **札幌市白石区東米里2092**

サツマイモの豊作に喜ぶ西山さん

西山さんは自動車販売の仕事をしていましたが、子供の病気がきっかけで、「人々が根本から元気になる食を作りたい」と、農家へ転身しました。

2015年から長沼の農家で有機農業を、その後、岩見沢の農家で自然栽培を学びました。農薬や肥料を一切使わない自然栽培。「これは方法ではなく、自然を尊重する生き方です」と西山さんは言います。

現在はベリー類やトマトなどを栽培する白石区の畑以外に、江別や岩見沢などにも少しずつ畑を広げ、サツマイモや大豆なども栽培。農園内と市内各所のマルシェ、ネットなどで販売しています。

乾燥野菜、干しイモ、味噌スープを開発し、自社工房で加工するなど、次々と新しいことに挑戦。食以外にもさまざまな発信を目指し、最近では親子対象の野菜収穫・加工体験、事前栽培の普及にも力を入れています。

2019年度「さっぽろGood商い賞」では、販売店舗が「地域資源が魅力のお店」の部グランプリに輝きました。

オシャレなパッケージの「乾燥野菜」。農園産自然栽培野菜を加工した

作って、語って、売る農業が楽しい

豊平区

花ときのこ　ほそがい(豊平区)／細貝農園(南区)｜細貝陽子さん

札幌市豊平区中の島1条14丁目2-16　TEL&FAX 011-831-3859／札幌市南区小金湯593

チカホで野菜を直売する細貝さん

豊平区で原木シイタケとナメコを、南区でズッキーニやキュウリ、ハクサイなど多くの野菜を栽培しています。

農家になる前は夫の修さんと豊平区で八百屋を17年間営んでいました。自分で作って売りたいという夢を抑えられず、1989年から夫婦でキノコ類栽培を始めます。ただこれは農業でなく林業。その後、「自分の農地を持って野菜農家になる」と心に決め、札幌市の市民農業講座「さっぽろ農学校」で2年間学び、2004年に新規就農の夢を実現しました。農地も少しずつ広げています。

今ではチカホ北1条の「クラシェ」など各地のマルシェに頻繁に出店し、カラフルな野菜やキノコを販売しています。赤い帽子がトレードマークの細貝さんは「野菜の作り方や食べ方をお客さんに語りながら売るのがとっても楽しい」と、明るい声で話します。また、「将来は、畑の中で直売所もやってみたい」という次の夢も。

豊平区で栽培しているナメコ

農園産イチゴでパフェや大福

h 清田区

株式会社フラワーファーム大花園 ｜ 大西智樹さん ｜ 札幌市清田区有明187　TEL 011-883-6886

農園のハウスで育てているイチゴと大西さん

父親が1982年にこの地に新規就農し、切り花を中心に生産してきました。その後、智樹さんが経営に加わり、2005年にイチゴの栽培をスタート。新鮮なイチゴを使った「いちごパフェ」を提供する店を同年オープンしました。

開店当初は知名度が高くなく、苦戦しましたが、ネット上などでパフェの美味しさが年々評判になり、近年はゴールデンウィークに1日1000人以上も来客（有明）するなど盛況です。2018年にはアリオ札幌に出店しました。

栽培しているイチゴの品種は「エラン」。完熟すると中まで真っ赤になり、ほどよい酸味と甘い香りがあり、ソフトクリームの甘さとよく合います。4〜12月は農園産を使用しています。

現在では、パフェのほかジェラートや「いちご大福」、自社産サツマイモを使った「農家のスイートポテト」も加わり、品揃えが厚みを増しています。

人気の「いちごパフェ」（奥右）と「ジェラート」（奥左）、「いちご大福」

■

- 『農家の茶屋　自然満喫倶楽部』（清田区有明187）4〜10月は無休10〜17時、11〜3月は月曜定休。11〜16時。011-883-6886
- 『農家の茶屋　自然満喫倶楽部』（東区北7東9アリオ札幌1階）年中無休。10〜21時。011-374-1178

「いろいろな野菜を作るのが楽しい」

清田区

川瀬農園 ｜ 川瀬俊昭さん ｜ 札幌市清田区有明139　TEL&FAX 011-881-9242

葉物から果菜類など多くの種類の野菜を育てる川瀬さん

55歳となった2005年、「野菜博士」と呼ばれた故相馬暁（さとる）元道立中央農試場長の著書『2020年農業が輝く』に出会い、すぐに野菜栽培を始めました。3月に会社員を早期退職し、4月から札幌市の市民農業講座「さっぽろ農学校」で学び、通学しながら清田の父の農地で耕作したのです。同講座を1年でやめ、すぐに農家として自立しました。

その年に札幌市農業体験交流施設「サッポロさとらんど」（東区）の販売イベントに参加し、対面販売に興味を持ちました。「いろいろな野菜を作るのが楽しい。少量でも挑戦したい」と話し、現在は0.9haの畑で、トウモロコシ、トマト、ナスなど多品目の野菜を栽培しています。

こだわりは循環型農業。2009年から、札幌市内の学校給食の残飯で堆肥を作って畑に撒き、育てた野菜を給食に提供しています。

野菜は八紘（はっこう）学園直売所や市内のホクレンショップ、「くるるの杜（もり）」、市内のマルシェなどで販売しています。

川瀬さん自慢の味になったミニトマト

ホウレンソウ専業のベテラン農家

清田区

桑島(くわじま)農園 | 桑島忠正(ただまさ)さん | 札幌市清田区有明

ホウレンソウ作りのベテラン、桑島忠正さん

3代目農家の桑島さんは、1989年に豊平区西岡から現在の清田区有明に移ったホウレンソウ専業農家です。ハウスは18棟。4月から10月にかけて、同じ場所で年に3回収穫します。季節に合わせて5、6種を栽培します。

ホウレンソウ作りにも、適度な土の栄養管理と酸度調整が大事。桑島さんは、土の状態を見ながらえん麦を播いて土に栄養を与えたり、堆肥を入れたりして大切に育てています。夫人と、大手建設会社に勤めてUターンした息子の誠さんと3人で育てるホウレンソウは、札幌の市場を通して市内外で販売されています。

親子2代で花と野菜を栽培

清田区

天下(あました)農園 | 天下一也(かずや)さん | 札幌市清田区真栄626-3　TEL 011-886-0623(自宅)

父の一男(かずお)さんが両親から引き継いだころは水田中心で、のちに畑へ転換しました。その後、ホウレンソウを中心に野菜作りを続けましたが、連作障害もあり、平成に入った頃には花へ切り替えました。

8年前に会社勤めをしていた息子の一也さんが就農することになり、近年は主に生け花用のキイチゴを栽培し、切り花として出荷しています。一也さんは30品目以上の野菜を栽培していますが、特に生の落花生とエダマメ『サッポロミドリ』は人気があります。2019年に試験栽培したパッションフルーツも実を付けました。甘酸っぱいおいしさが特長です。

色づいたキイチゴの葉

試験栽培したパッションフルーツと天下一也さん

8、9月は土日限定で自宅横での直売を行っています。

平飼い有精卵、スイーツも販売

h f 清田区

永光(ながみつ)農園 | 永光洋明(ひろあき)さん | 札幌市清田区有明216　TEL 011-886-6595

永光洋明代表

平飼い有精卵を生産しています。代表の洋明さんは5代目。父の代に宅地化が進む西岡から有明に移ったころ、大学卒業直後の洋明さんが、父から渡されて読んだ本「自然卵養鶏法」の影響で養鶏を始めました。当初は300羽でしたが今は10倍です。食の安全性を重視した卵を求めた結果、飼料の9割は道産素材を使った自家配合になりました。その半分以上は道産米と小麦の穀物飼料で、他は米ぬかや魚粉、ホタテ貝殻、昆布、ニンニクなど。味も良くなりました。敷地内には、2014年4月にオープンしたカフェ「コッコテラス」がケーキやプリンなどスイーツ類、生卵などを販売しています。生卵自販機は常時販売。コープさっぽろ、くるるの杜、八紘学園直売所の店頭のほかネットでも販売しています。

■

- 『コッコテラス』10～17時。水曜定休（祝日は営業）。フードメニューは11～16時（LO）で土日は休み。011-886-7204
- 『農園の四季』（園内蕎麦店）11～15時。金土日曜祝日のみ営業。1～2月休み。011-883-6892

農園産の卵を使ったシフォンケーキやプリンなどのスイーツ

「コッコテラス」店内で販売されているフレッシュな生卵など

南東ゾーン

人気のタマネギ『さつおう』を直接発送

白石区

亀田農園 ｜ 亀田浩一（かめだこういち）さん ｜ 札幌市白石区東米里2200-27　TEL&FAX 011-873-2209

東米里の下水処理場建設に伴い、現在地へ移転して夫婦でタマネギを栽培しています。F1品種はJAへ出荷していますが、味が良いと人気の『さつおう』は、注文に応じて農園から直接発送しています。

妻の聖雪（みゆき）さんは昔、雑誌関係のタマネギ共同購入の仕事をしていて、全国発送にかかわり、事務にも慣れていることから、農園からの発送作業のすべてを担当しています。発送の注文はFAXで受け付けています。

また、少量栽培の『札幌黄』はスープカレー店など札幌市内の飲食店で具材やフリットに使われています。

味が良いと評判で、農園から直接発送している「さつおう」

併設直売所でとれたてキノコを販売

清田区

清田しいたけファーム ｜ タイシン産業有限会社 ｜ 札幌市清田区有明298　TEL 090-2076-3177

電気設備工事の株式会社丸三大信電気事業が2012年に子会社タイシン産業有限会社を設立し、シイタケ生産に着手しました。ハウス5棟で、現在パート従業員40人が菌床シイタケを栽培しています。

地下水を使い、湿度約60%のハウスでの中で肉厚のシイタケが育っています。最近は黒キクラゲや白キクラゲの栽培を始め、徐々に生キクラゲの需要が増えています。

敷地内直売所には、とれたてでジューシーなキノコを求める人が絶えません。

菌床も別棟で製造。使用後の菌床を中古品サイト「ジモティー」で販売しています。買った人は土に混ぜて庭の栄養にしているとのこと。都会らしいリサイクルですね。

ハウス内で菌床栽培しているシイタケ

■
敷地内直売所　8時30分～18時。年中無休

ホウレンソウ単作、年14トン出荷

松本農園 | 松本吉弘(よしひろ)さん | **札幌市清田区有明**

祖父が豊平区西岡で牛を飼い、父の代はデントコーンも作っていました。西岡の宅地化が進み、40年ほど前に現在の地へ移転。水田だった土地を徐々に畑にし、ホウレンソウ栽培を始めました。東京で映像の仕事をしていた吉弘さんは2000年、28歳の時に父の元へUターンして農業を継ぎました。

ホウレンソウと松本さん

現在はホウレンソウ単作で、ハウスは15棟。4月から10月までに年3作します。品質への市場評価は高く、農協や、「くるるの杜(もり)」と八紘(はっこう)学園の直売所などに計14トンを出荷しています。松本さんは「ポーラスターという札幌のブランドをこれからも守っていきたい」と話します。

高齢者施設へも食材を提供

h 清田区

中銀(なかぎん)ひらおか農園 | 平岡繁行さん | **札幌市清田区有明60-5　TEL 03-3248-1370**

元農業改良普及員の佐々木高行農園長（左）と職員

㈱NAKAGINが運営する農業法人で、グループ会社の運営している高齢者施設などに健康的な食材を提供するとともに、遊休地を活用することで地域活性化を図ることを目的に2013年に開園しました。

安全でおいしい野菜作りのために堆肥を入れ、完熟収穫を心がけています。ハウスや露地計1.5haで15品目の野菜を栽培。八紘学園直売所、ホクレンショップ、くるるの杜などで販売し、一般宅配も行っています。トマトジュースなどはネット通販もしています。今後は食育や新規就農の研修の場としても地域に貢献していくとのことです。

『ツルハドラッグ』で買える新鮮野菜

高橋ファーム ｜ 高橋信一郎さん ｜ 札幌市清田区有明185-7　TEL 011-887-6076（自宅）

ツルハドラッグ店内に並べられた高橋ファームの野菜たち

会社員だった高橋さんは、両親の畑と近隣の畑を借りて2016年に就農しました。ハウスではメインのトマトのほかナス、キュウリなどを、露地ではズッキーニやトウモロコシ、アスパラガスなど20品目以上を栽培しています。

きれいで美味しい清田の湧き水を使って栽培し、品質にこだわっています。

もう一つのこだわりは鮮度と直接販売。野菜は毎日、市内の『ツルハドラッグ』店舗や近隣のコンビニ、郵便局、レストラン、マルシェなど（リストはホームページで紹介）に運んでいます。直売所は有明小学校の南の道路沿いにあります。

■
直売所（有明68-1）　6～10月、10～16時。無休

西ゾーン

手稲区
西　区　中央区

手稲区山口地区の「サッポロ西瓜」

手稲山口地区の「大浜みやこ」カボチャ

市の西部を占める3区です。藻岩山から手稲山につらなる山々の麓に当たる地域で、琴似八寒川と中の川、軽川などの流域です。また、北西に走る新川や、山口運河という人口河川も通っています。

北から南へ手稲、西、中央区と並んでいますが、農業の様子は区でやや異なります。海に近く砂地が多い手稲区では、水はけの良さ、昼夜の寒暖差を利用し、スイカやカボチャの生産が盛んです。スイカはシャキシャキ感と甘みの強い「サッポロ西瓜（すいか）」、カボチャはホクホク感に富み甘みの強い「大浜みやこ」が特産品です。

西区の琴似発寒川流域は、昔は水田が広がっていましたが、現在は野菜などの生産が盛んです。市中心部から近いこともあり、西区小別沢や中央区盤渓（ばんけい）などには、有機野菜農家や農家直営レストランが近年目立ちます。

また、中央区では中心街のビル屋上でミツバチを飼う養蜂も行われるなど、都市ならではの農業がみられます。

札幌ブランドを守るリーダー役

松森農園 | 松森剛さん | **札幌市手稲区手稲山口292**

ほくほくで糖度が高く贈答用にも人気のカボチャ「大浜みやこ」。札幌ブランドの代表格ですが、この栽培農家の集まりであるJAさっぽろ果実部会の会長が松森さん。部会の全員がエコファーマーの資格を持ち、厳しい検査を行う共撰を実施しています。松森さんは、農家の3代目で、「カボチャは剪定で葉が少なくなるので、風による痛みや日焼けにも要注意。特に品質管理を徹底しています」と語ります。また、大浜みやこと並ぶ特産品であるサッポロ西瓜も生産しています。

商品開発にも積極的で、これまで、スイカのリキュールに挑戦してきたほか、今は、大浜みやこを原料に、二世古酒造の醸造による「みやこっ酎」という焼酎を考案しました。JAさっぽろで販売されています。

昔は「山口スイカ」と呼ばれていた「サッポロ西瓜」

「大浜みやこ」カボチャを手にする松森剛さん

コマツナなど栽培、学校給食にも出荷

西区

漆崎(うるしざき)農園 ｜ 漆崎智(さとる)さん ｜ 札幌市西区小別沢116

ハウスでコマツナを収穫する漆崎さん

コマツナ栽培にいち早く取り組み、札幌の特産品に育ててきた農家の一人が漆崎さん。現在、3代目で、2haの農地に、28棟のビニールハウスで栽培、学校給食にも出荷しています。

コマツナとクウシンサイ、ホウレンソウ、ルバーブ、ツルムラサキなどを無農薬で栽培。そのほか、露地でカボチャ、ピーマンなどを栽培しています。

また、札幌競馬場の馬糞も堆肥にして、循環型生産の取り組みも行っています。

直売所（自宅前）　4月末～11月ごろ。8時ごろ以降。不定休

今では、札幌市農業委員会の会長も務めており、市全体の農業にも目を配っている漆崎さん。70代後半で後継者もいますが、作業する姿は、元気そのものです。

また、道路を挟んで直売所もあり、野菜のほか、妻のあい子さんが栽培したハーブ類も並んでおり、リピーター客が多く訪れます。

直売所の野菜

加温ハウスで冬も新鮮野菜を栽培

山末農園 | 山末学さん | 札幌市西区西野10条8丁目16-5

周りを住宅に囲まれた農地を、守り続けているのが5代目農家の山末さん。「肥料の散布や水ポンプの発動機の音などは（周囲に）気を遣う」と言います。都市農業の苦労もあるようです。

15棟のハウスでミニトマトやキュウリなどを栽培しています。また、札幌では珍しい冬の野菜も。断熱のために3重のビニールハウス（9棟）を作り、さらにハウス内でトンネルを覆って、温度管理に注意しながら、ダイコン菜と小ネギを栽培し、真冬にも新鮮野菜を消費者に届けています。

「2018年からは、母校の小学校の児童に、“ゲストティーチャー”として農業を教えています」と目を輝かせる山末さん。農と食の大切を伝える楽しさを感じています。

とれたての野菜はスーパー銭湯「湯屋・サーモン」（発寒7条14丁目）で購入できます。

加温ビニールハウス内で地面から芽を出した野菜

ミニトマトを収穫する山末さん

家族一丸で酪農と農業の魅力伝える

h f 石狩市

池端牧場（いけばた） | 池端規明（のりあき）さん | 石狩市樽川97-11　TEL 0133-73-8538

牛舎で牛たちに飼料をやる池端さん

ホルスタインと黒毛和種計170頭を飼育、生乳などを生産しています。近くの札幌市手稲区手稲前田にあった牧場が1996年に現地に移転しました。

手稲の跡地に現在あるのが、牧場産牛乳が原料の手作りソフトクリームを販売するショップ「ミルクフレンド」と、近くの畑で栽培する野菜を販売する「おばあちゃんの店」。ソフトは牛乳本来の自然な味、野菜は減農薬が多く新鮮さが評判です。

牛乳はサツラクの「ミルクの郷」（東区丘珠町）にも出荷しています。また、哺乳・エサやりなどの酪農体験を子どもたちに提供し、音楽イベントの生ごみと牛糞を混ぜて堆肥を作る環境活動にも積極的です。

牧場と店の仕事には、息子たちや娘も参加しています。また野菜の生産と販売は母の弘子さんらが担っています。まさに家族一丸となって、酪農と農業の魅力を発信しています。

- 「ミルクフレンド」・「おばあちゃんの店」（手稲区手稲前田579-2）4～10月9～17:30、11～3月11～16:30。 TEL 011-590-0572

牧場近でソフトクリームを販売するショップ「ミルクフレンド」（左の三角屋根）。「おばあちゃんの店」はさらに左の別棟

西ゾーン

馬を“先生”に対人関係など学ぶ牧場

h f 西区

ピリカの丘牧場 | 渡辺真帆さん | 札幌市西区小別沢149-2

馬の世話をする渡辺さん(手前)

小別沢のトンネル近くのユニークな牧場。馬に接することで、人の個性や対人関係、組織の在り方、命の大切さなどについて学ぶ場です。

馬はコミュニケーションしながら群れで行動する動物。渡辺さんは「一緒に過ごすことで人間が成長できる」と言います。

教育・企業研修業㈱COASの小日向素子社長が、元乗馬クラブの施設を使って、2017年に開設しました。

主な顧客は本州の大手企業で、企業研修を受け入れていますが、地域の市民も利用できます。

乗馬、ファームステイ、キャンプなど多様なプログラムを、夏季に用意しており、2019年からは子どもたち向けの乗馬体験も始めました。

近隣の農家に堆肥用馬糞を提供。馬が周囲を散歩して道草を食む姿が見られ、地域にすっかりなじんでいます。

■
各種有料プログラムは春～夏に提供。内容照会はHPで。問い合わせは電子メールでinfo@coashp.comへ。

「野菜を持ち返る『畑の八百屋』をやりたい」

f 西区

かわいふぁ～む | 川合浩平さん | 札幌市西区小別沢66　TEL 090-1382-5708

「旬の野菜を採って食卓に持ち帰る『畑の八百屋』をやっていきたい」と笑顔で語る川合さん。

東京でサラリーマンをしていましたが、子どもの誕生を契機に食に対する意識が変化。自然の循環で成り立つ農業を行いたいと、札幌市の農業講座「さっぽろ農学校」などで学んだ後、「まほろば自然農園」(西区小別沢)で研修しました。同園の農地を借り受け、2016年に独立就農。現在は30品目以上の野菜を、無農薬、有機肥料で栽培しています。

小別沢の山裾の傾斜地では、機械化が難しく、草取りや収穫に人手が必要で、市民の応援を歓迎しています。2019年に畑で初めて開いた「かわいふぁーむ収穫祭」では、多くの市民が収穫と野菜の話を楽しみました。

山に囲まれた傾斜地に広がる畑で、見学の市民に野菜の有機栽培法などを説明する川合さん(緑のシャツ)

また、畑近くの木工品製造販売「チエモク」の店舗軒先に直売コーナーが設置されています。

中心部のビル屋上でミツバチ飼育

h f 中央区

NPO法人サッポロ・ミツバチ・プロジェクト ｜ 理事長 酒井秀治さん

札幌市中央区南4条東2丁目12　FAX 011-351-5334

ビルの屋上で、巣箱から取り出された巣板とミツバチに見入る見学の市民たち

札幌中心部のビル街で農業が！　それは、サッポロ・ミツバチ・プロジェクト（さっぱち）が行っている養蜂です。

カラス対策に効果があると聞いたのがきっかけでしたが、東京で行われていた銀座ミツバチプロジェクト（銀ぱち）を参考に、まちづくり活動として2010年にスタート。九州の養蜂家の指導も受け、現在は、愛生舘ビル（中央区南1西5）屋上で、セイヨウミツバチ約10万匹を6つの巣箱で飼育しています。

ハチの行動範囲は3〜4kmで、円山公園、中島公園、北大などが含まれ、6〜9月に季節によってアカシア蜜やクリ蜜を採集します。まさに“札幌ブランド”です。

巣箱見学や採蜜体験など市民参加にも力を入れており、建築家でもある酒井さんは、「ミツバチとのふれあいを通して、身近な自然環境や生き物との共生に目を向ける市民意識を育んでいきたい」と語っています。

巣板を回転させて蜜を採る「採蜜機」

スイカとカボチャ栽培への情熱健在

手稲区

尾池農園 | 尾池(おいけ)純一さん | **札幌市手稲区手稲山口516　TEL 011-681-2613**

出来が良かった「大浜みやこ」を手にし、笑顔の尾池さん（2019年秋）

「砂地である開墾地に適する、とスイカ栽培が始まり、明治15年の品評会には出品されていたので、手稲山口が道内のスイカ発祥地ではないか」。北海道指導農業士の尾池さんはそう力説します。昭和30年代に連作障害対策として接ぎ木の技術を道外視察するなど、産地づくりの先頭にずっと立ってきました。

スイカが冷害をよく受けるため、別の作物も探していました。「スイカと逆に、暑さには弱いが寒さには強いカボチャを栽培したところ、美味しくて消費に火がついた。近くの大浜海岸から名前を付けた」と、地域が誇るカボチャ『大浜みやこ』の歴史も語ってくれました。

スイカとカボチャはいずれもウリ科。ウリ作りの名人尾池さんは2015年、「手稲山口　瓜〈うり〉類の里」を編集出版しました。地域教育にとても熱心で、近年まで母校の小学校で30年以上、子どもたちに食や畑仕事を教え、2007年に区の表彰を受けました。

農業体験できる市民農園の草分け

西区

伊部(いべ)農園 | 伊部義幸さん | **札幌市西区小別沢61-1**

市民が身近に農業体験、収穫する喜びが味わえる市民農園。これを札幌市内で比較的早い2001年に開設したのが3代目農家の伊部さん。

現在、約160区画は常に満杯。伊部さんは「整備は大変だったが、多くの人に利用してもらっているのはありがたい。最初は、指導も頼まれたが、今は、上手い人の真似をしているようだ」と笑顔で語ります。

山あいのトウモロコシ畑で話す伊部さん

自らも、12、13棟のビニールハウスでコマツナを年3、4作して学校給食に提供、路地ではトウモロコシを栽培し、小別沢の農業を守り続けています。

西ゾーン

ホオズキなど自然栽培、カフェも経営

h f 中央区

株式会社盤渓ネイチャーズ | 高木晃さん | **札幌市中央区南1条西20丁目 TEL 011-624-7574**

フルーツホオズキのパック詰めを手にする高木社長

高木さんと農業の関わりは面白い。ニューヨークから故郷札幌に戻ったあと、依頼されて貸農園を引き継ぐことに。それなら農業をしっかりと勉強したいと、映画「奇跡のリンゴ」で知られる木村秋則さんの自然栽培講座を受講。わずか数年で、農地所有適格法人も立ち上げ、株式会社にしました。

小別沢で50aの農地に、50〜60品目の野菜を無農薬・無化学肥料の自然栽培で育てています。

中でも食用ホオズキは「譲り受けた苗を育てたら、びっくりするほど美味しかった」といい、今や畑の4割を占める主力商品です。一個ずつ剪定するなど手間もかかりますが、就労支援事業所の修習生が大切な担い手となり、農福連携も実現させています。

中央区で経営する飲食店「カフェ シード」で直売しています。HP上のオンラインショップも便利です。

■

- 「カフェ シード」(中央区南1西20)
  11〜20時、日月祝は〜18時。
  080-5835-2616

『カフェ　シード』のメニューの一つ。自社生産の自然栽培野菜をふんだんに使っている

森の恵受け、しなやかに農的暮らし

西区

やぎや ｜ 永田勝之さん、温子さん ｜ 札幌市西区小別沢33　TEL 011-664-5148

建築家で、森での暮らしを発信している永田勝之さん。20年以上前に東京から移住した

農場カフェ やぎやの店内

- 農場カフェ「やぎや」(西区小別沢33):日曜祝日のみ11～15時、ディナーは予約制。011-664-5148
- カフェ「やぎや@庭キッチン」(中央区大通西17庭ビル):日・月曜定休。011-302-3333

都心からわずか20分。「札幌にこんな暮らし方があったんだ」と思うような、緑深い牧歌的風景の中、やぎを飼い、しなやかな農的暮らしをしているのが永田夫妻です。

温子さんは「森から生み出されるものはたくさんある」と言い、これまで、農業塾や山羊乳チーズづくりなどを手掛けてきました。現在は、近くの畑で、仲間と一緒に野菜を作り、山羊の見える農場カフェ「やぎや」で、それらを使った料理や自家製パンを提供しています。

中央区の旧「まちのやぎや」は移転し、2019年にカフェ「やぎや@庭キッチン」に。

勝之さんは「小別沢の山を里山化し、人の総合的暮らしを考える面白い場所にしたい」と話しています。

「やぎや」のメニューの一つ。自家製パン、山羊乳チーズ、地元産野菜などを使っている

ワイナリー

丘の上に広がるブドウ畑(南区)

ワインはお好きですか? 地元で醸造されたワインのことを「地(じ)ワイン」と呼ぶことがありますが、みなさんは札幌の「地ワイン」を飲んだことがありますか?

市内には主なワイナリーが3箇所あります。いずれも南西部の山の近くで、景色も良く、きれいに管理されたヴィンヤード(ブドウ畑)を持っています。

2001年に中央区盤渓(ばんけい)に開設された「ばんけい峠のワイナリー」、2009年に醸造をスタートした南区藤野の「さっぽろ藤野(ふじの)ワイナリー」、そして2011年に建設した南区砥山の「八剣山ワイナリー」です。

自社栽培のブドウを使った醸造も行い、それぞれ個性的な材料で、個性的なワインを生産しています。ワイナリーを見学できたり、試飲ができたり、チーズなど美味しいものも一緒に食べられたり、楽しみはいっぱい。札幌産の野菜や肉など畜産物との相性も格別です。山の景色を眺めながらゆっくりと過ごしてみませんか?

八剣山ワイナリー

株式会社八剣山さっぽろ地ワイン研究所・農業法人八剣山ファーム

■代表：亀和田俊一さん
■住所：札幌市南区砥山194-1
■TEL：011-596-3981

ラベルも公募の「市民ワイン」

「八剣山」の山麓にたたずむ「八剣山ワイナリー」と亀和田代表

「八剣山」の愛称で市民に親しまれる観音岩山(498m)の南山麓に赤ワイン色のおしゃれな木造建築物があります。ここでブドウを育て、地ワインを醸造する「八剣山ワイナリー」です。

地域の人々が、地元産果実を活かしたワイン生産をしようと構想し、2011年1月に農業法人「八剣山ファーム」と、ワインを醸造する株式会社「八剣山さっぽろ地ワイン研究所」を設立し、ヴィンヤード(ブドウ園)を造成、ワイナリーを建設しました。

自慢のワイン製品の一部

現在は3.6haに約30品種のブドウを栽培。赤と白のワイン、スパークリングワイン、シードルなどを生産しています。亀和田代表の「札幌にしかない市民ワインに育てたい」との思いから毎年、公募でデザインコンペを行い、選ばれたラベルをボトルに貼っています。

敷地内には近く、直営展望レストランや地域の野菜・加工品直売所を建設する計画も。

■

ワイナリー・店舗　9:30〜17時。
4月中旬〜10月は原則無休、11〜4月中旬は月曜定休。個人は試飲無料。団体向けワイナリーツアーは要予約

さっぽろ藤野ワイナリー

さっぽろ藤野ワイナリー株式会社

■代表：伊與部淑恵さん
■住所：札幌市南区藤野670-1
■TEL：011-593-8700 

女性の丁寧な作業が美味しさに

原料ブドウをタンクに詰める作業。ここでも女性が多い

国道230号から南へ約2km、藤野の丘におしゃれなワイナリーの建物があります。

同じ敷地内にはエルクの森パークゴルフ場、カフェレストラン「ヴィーニュ」やイングリッシュガーデンもあり、訪れる人をリラックスさせてくれる憩いの空間になっています。周囲にはヨーロッパを思わせるような一面のブドウ畑が広がっています。

オーナーは伊與部さん姉妹。ワイナリーで働く人も女性が多く、手で一房ずつ丁寧に選果したり、実を房からはずしたりしていて、美味しさの秘訣はここにあり、と確信しました。

今は亡き弟さんの「できるだけ農薬を使わずにブドウを栽培して身体に良いワインをつくってみたい」との思いを引き継ぎ、酸化防止剤の使用を最小限に抑え、無濾過と天然酵母醸造による自然派ワインにこだわり続けています。

■
ワイナリー　11～18時。火曜休

ラベルもファッショナブルなワインやシードルのボトルたち

ばんけい峠のワイナリー

有限会社フィールドテクノロジー研究室

■代表取締役：田村修二さん
■住所：札幌市中央区盤渓201-4
■TEL：011-618-0522

札幌市内ワイナリーの草分け

盤渓峠中腹に位置するヴィンヤードに立つ田村夫妻。後ろはワイナリーとテラスカフェ

田村さんは通産省（現経産省）勤務時代、仕事で訪れた世界各地のワイナリーで楽しめる空間を目にし、「北海道でもより豊かな食文化を発信したい」と、2001年に札幌で初めてのワイナリーを開設。2013年には、自家栽培ブドウを原料にしたワイン「山（やま）ソービニオン」を誕生させました。

道産原料で自然の風味を大切にし、酸化防止剤無添加で低温醸造の手造りにこだわっています。毎週土・日曜日に開くテラスカフェでは、妻の雅子さんによる自家製パンやチーズなどとワインのマリアージュが楽しめます。また、ワインなどはインターネットでも販売しています。

ワイン文化を広げてきた修二さんは、育てているホップから地ビールを作れないか、と新たな事業にも意欲的です。

自慢のワイン製品たち。ほかにも多くの種類がそろっている

フランス風ピザ「タルト・フランベ」。週末のカフェには独特の料理が提供される

生で食べれる帆立を
あえて焼いても
食べてみたい
北海道北オホーツク産
天然帆立貝柱
要冷凍
HACCP
北海道北オホーツク産
天然帆立貝柱
生食用

二郎丸

第5章 農の支え・農への扉

札幌農業の主役は農家や農業法人、企業などの経営体ですが、生産者だけでは農業は成り立ちません。さまざまな面で「支える人」や、市民が「農に近づく扉」を用意する人たちがいます。

1　農の支え

農業協同組合

「農を支える存在」に挙げられるのは、第一に農業協同組合（JA）です。

家族農業形態が多い北海道や日本の農業では、販売事業、信用事業、共済事業、営農指導事業などを行う「総合農協」型が一般的です。総合農協はかつて、全道各地の小地域ごとにありましたが、合併が進み、現在は道内に108JA。札幌では**JAさっぽろ**（札幌市農業協同組合）[1]一つにまとまっています。

1 札幌市一円と近隣6市2町に事業区域を持つ総合農協。1998年設立。正組合員3,734人（2019年度末）。2018年度販売品取扱高約19億766万円。（出典：「JAさっぽろディスクロージャー2019」）

農協の事業のうち、農家の生産物を集めて市場などに販売する販売事業と、資材購入の購買事業を行っている全道単位の連合会が**ホクレン**（ホクレン農業協同組合連合会）です。全道のJAでつくる連合会は事業種ごとにあり、営農指導などの指導事業を担当する**JA北海道中央会**、お金の貸し借りなど信用事業を担当する**JA北海道信連**、医療を担当する**JA北海道厚生連**、病気や事故などに備える共済事業の**JA共済連北海道**とホクレンを合わせ計5連合会があります。

専門部会

基礎単位の各JAは、総合農協として、地域内のすべての作物の生産から販売までをカバーしていますが、作物ごとの栽培技術の向上や販売流通対策などについては、JA内の生産者でつくる各専門部会が取り組むこともあります。

JAさっぽろには、**そ菜（さい）部会**、**玉葱（たまねぎ）部会**、**花卉（かき）部会**、**果樹部会**、**果実部会**、**酪農畜産部会**の6つの専門部会があります。

JAさっぽろ玉葱選果センター。市内産タマネギを集荷、選別、貯蔵している

そ菜部会はコマツナやレタスなど野菜類、果実部会はカボチャやスイカなど、果樹部会はリンゴやサクランボなどを扱っています。

タマネギを扱う玉葱部会は、市

場で有利な大量生産販売を目指し、共同集出荷施設から本州などへ大量出荷しています。

2002年には玉葱部会に約240戸が参加し14,000t強を販売していましたが、その後約3割程度にまで減少し、澤田喜幸部会長は「今後の担い手不足をどう克服していくかが課題です」と語ります。

専門農協

一方、農協には総合農協以外に、特定の生産物の販売・購買事業を中心に行う専門農協もあります。

酪農分野の専門農協の一つが、**サツラク農業協同組合**（東区苗穂町3丁目3-7）[2]です。「健康な人間は健康な土から育つ」という黒澤酉蔵の教えに従い、宇都宮仙太郎ら酪農家十数人が1895年（明治28年）に立ち上げた札幌牛乳搾取業組合がルーツです。

生乳生産から牛乳・乳製品加工、販売までの一貫体制を築いており、酪農支援、家畜診療、市乳（加工）、共同販売、信用、共済の幅広い事業を展開しています。

入植以来3代目で、サツラクに出荷している組合員、萩中利和さんは「サツラクの理念に則り、特に衛生管理に力を入れています」と話しています。

サツラク農協の「ミルクの郷」

また、サツラク農協の工場やレストランを集めた施設**「ミルクの郷」**（東区丘珠町573-27）[3]は、体験的食育メニューもあり、家族でゆっくりすごせる場所です。

また、札幌市内には、サツラク農協「ミルクの郷」以外にも、**雪印メグミルク札幌工場**（東区苗穂町6-1-1）、**新札幌乳業工場**（厚別区厚別東4条1丁目1-7）、**明治乳業札幌工場**（白石区東札幌1条3丁目5-50）があり、牛乳・乳製品を生産しています。

試験研究機関

北海道農業研究センター

「農を支える存在」の二番手は試験研究機関です。

札幌ドームの隣に広い農地（研究用地）を持つ**農研機構北海道農業研究センター**（豊平区羊ヶ丘1）。略称は「北農研」。昔は国立

2 石狩、空知、後志、胆振の4管内全域と上川管内の1市2町をカバーし、正組合員は236人（2018年度末）。2016年度の生乳生産量は44,304tで、うち石狩地区は41,805t。主力が飲用乳で、主に道内販売しており計31,752kl。ほかにバターなどの乳製品を加工販売。

3 牛乳・乳製品製造工場の「ミルク館」、バター、ヨーグルト作りを見学できる「まきば館」、搾乳体験もできる「牛の館」などが集まる。工場見学は通常4月末～11月初旬、自由にでき、事前予約で係員の案内を受けられる。予約申し込みは011-785-0201またはホームページへ。

の北海道農業試験場で「北農試」と呼ばれていました。現在は国立研究開発法人農業・食品産業技術総合研究機構（本部・茨城県つくば市）が全国に持つ5つの地域研究センターのうちの一つです。

北海道地域に適する水田作や畑作、酪農の大規模生産システムの確立、夏季の低温や冬季厳寒という環境を克服する基礎研究などを行っています。最近では、ロボット技術や情報通信技術（ICT）を活用したスマート農業の研究なども進めています。

また北海道関係の研究機関に**地方独立行政法人北海道立総合研究機構**（道総研）があります。全道に、農業、水産、森林、産業技術、環境・地質、建築の6分野の研究本部と、各分野の試験場などを計22擁し、このうち農業研究本部には、中央農業試験場（長沼町）、上川農業試験場（比布町）など全道に8の試験研究機関があります。これらを統括する法人本部が北区北19西11にあります。

民間では**ホクレン農業総合研究所**（東区北6東7）など多くの研究機関が市内にはあります。

大学

そして「農を支える存在」の三番手は大学です。

明治以来、札幌農業を支えてきた札幌農学校をルーツに持つ**国立大学法人北海道大学農学部**（北区北9西9）は、現在も北海道と世界の農業をリードしています。

学校法人吉田学園札幌保健医療大学（東区中沼西4条2丁目1-15）の保健医療学部栄養学科では、農場「WILL-FARM」で、タマネギ「札幌黄」、キャベツ「札幌大球」など、札幌の多くの伝統野菜を栽培しています。1年生からの正課外教育で、管理栄養士養成の学科としては、全国的にも珍しい取組です。

このほか、大学農場で栽培した「札幌黄タマネギ」と遠別町のもち米を使用し、㈱北海道米菓フーズと「北海道こだわりおかき」共同開発するなど、「地産地活」にも熱心です。

札幌大球を栽培している札幌保健医療大学の農場と荒川義人教授(右)、安彦裕実助手

専門学校

札幌市内には1930年（昭和5年）に設立した長い歴史を持つ農業の2年制専門学校があります。学校法人八紘（はっこう）学園（豊平区月寒東2条14丁目1-34）です。

農業分野で仕事したい若者のための学校で、野菜、果樹、花、乳牛、和牛、農業機械の広い分野の専門的な学習を積みます。2017年度には農業科として全国初めて学校全体を対象に、文部科学相から職業実践専門課程校の認定を受けました。

八紘学園農産物直売所はレンガ造りのサイロが目印

63haの学校敷地には約60頭の牛を飼い、美しい学校園があり、日高町には120haの第二農場を持ちます。また、本校敷地内には農産物直売所[4]があります。

4 営業：4月中旬～11月上旬は10時～17時、11月中旬～4月中旬は10時～16時（土・日・月曜日のみ）。通年で木曜定休。学生が栽培した野菜や自校生産の「ツキサップ牛乳」、ソフトクリームなどを販売。011-852-8081。

2 農への扉

一般の市民が、家庭菜園や「ベランダ野菜」、あるいは市民農園を経験してみたい場合はどうすればいいのか、また、もし「仕事として農業をやってみたい」と思った場合、どんなことが必要になるのか、について考えてみました。

◆◆◆◆◆

家庭菜園や市民農園で楽しみたいとか、週末や夏休みに農家を少し手伝う、という「ちょこっと農業」に興味がある人がおられることと思います。

サッポロさとらんど

そんな人にまずお勧めしたいのが、札幌市農業体験交流施設「サッポロさとらんど」（東区丘珠町584-2、011-787-0223）です。この施設は、広く一般市民に農業と食に親しんでもらう目的で札幌市が1995年に開設しました。専門職員が作物や花の育て方などやさしく教えてくれます。子ども手作り体験や料理など様々な講座を用意しています。

講座には多くの「名物講師」がいますが、丹羽恵子さんもその一人。開園当初から多くの市民に食文化を伝承。自ら栽培した食材にこだわり、今も札幌大球やダイコンを用いて「ニシン漬け」や「キムチ漬け」などを教えています。

広い園内には、体験農園やふれあい牧場もあり、隣には「ミルクの郷」(P115)があります。広場やバーベキューコーナー、駐車場（約1800台）もあり、家族でゆっくり過ごせます。

また、市民農業講座「さっぽろ農学校」入門コースが毎年開かれており、野菜や花の育て方を学べます。4～9月に計38講義前後で、家庭菜園が趣味の人も、土いじり初心者でも受講できます。講座内容はホームページでも見られます。

市民農園

近くで野菜づくりを楽しみたい人は、市内のさまざまな種類の「市民農園」を借りることができます。大きいところでは、**サッポロさとらんど**に50m² 196区画があります。利用料金は11,000円／区画。また市民農園人気に応え、2020年春、北区新川地区に**「市民農園Vegetable Farm」**が新設されます。100m² 98区画で、20,000円／区画です。詳しくは市農政課（011-211-2406）へ。

このほかにも市内各地に市民農園が開設されています。JAさっぽろのホームページ（以下）をご覧下さい。

https://www.ja-sapporo.or.jp/agriculture/allotment-garden/index.html

また、DCMホーマックは、ホームページ（以下）で札幌市内外の市民農園の利用を受け付けています。

https://www.homac.co.jp/service/farm1/

さらに、「時々農家を手伝いたい」「退職後は援農を頑張りたい」などというボランティアで体を動かし、良い空気を吸いながら農業を応援しようという人は、とよたきフルーツパーク（南区豊滝52、011-596-2815）（P57）に連絡してみてください。南区中心に、市民のボランティア援農や農業支援アルバイトなどの情報を提供しています。

◆◆◆◆◆

「自分も農業を仕事にしてみたい」と考えておられる人もいらっしゃるかもしれません。そんな人のために、就農へのプロセスをおおまかにまとめてみました。次のような手順が考えられます。

就農へのプロセス

手順	①農業に関する基礎知識の勉強 ②栽培技術などの習得 ③農家での実践的な研修や相談 ④農業委員会との相談 ⑤農地の借用・購入 ⑥就農（農業スタート）

サッポロさとらんどを管理する二反田（にたんだ）博之施設長（左）と奥山誠副施設長。後ろは「さとらんどセンター」

札幌市の場合、**手順①の勉強**ができる場所の中心が**「サッポロさとらんど」**です。市民農業講座**「さっぽろ農学校」入門コース**が開かれており、栽培の基礎からじっくり勉強できます。

札幌市農業支援センターの温室群と石橋英二所長

また、さとらんどの隣には**札幌市農業支援センター**（東区丘珠町 569-10。011-787-2220）[5]があり、**「さっぽろ農学校」の専修コース**を受講できます。**手順②**が中心の講座で「野菜作りの基礎」などの実習を含め年 78 回前後です。

5 1964年、南区小金湯に設立された全国でも珍しい市町村運営の研究・普及機関。ホウレンソウの品種選定と航空便による府県移出、花き類の普及、土壌分析・診断などにいち早く取り組み、道内の園芸農業をリードしてきた。1995年、さとらんど開園と同時に現在地に移転し、土壌診断・技術相談、地産地消の推進などを行っている。

次に、「農業をやってみようかな」という人が相談してみる先として、以下の二つをご紹介します。

札幌市内に就農しようとする場合は**札幌市経済観光局農政部農政課**（中央区北１西２市役所７階、011-211-2406）の窓口が良いと思います。どの区でどんな農業（例えば野菜とか畜産とか）をやりたいか、などの希望に対して、支援策や各地区の農家・農地の情報を提供してくれます。

また、市外の道内市町村の場合は、**北海道農業担い手育成センター**（中央区北５西６北海道通信ビル６階、011-271-2255）が情報提供してくれます。道内で就農を目指す人に対しては、専任の相談員が、農村での研修や体験実習の紹介、研修に必要な資金の貸し付けなど、総合的な支援策も考えて対応してくれます。

そうした相談を通して、**手順③の農家研修**を経験することをお勧めします。農業には、畑作業や生産物の販売、労働管理など幅広い仕事があり、実際の経験を積むことが何より大事だからです。相談窓口などの情報をもとに、実際に農家を訪ねてください。

いきいきファームの直売所に立つ吉岡さん

農家では通常、２～３年研修する人が多いようです。田畑では「1年１作」が基本なので、学ぶのにも年数がかかります。それだけに、年月を積むほど、将来の自立に自信が持てるものと思います。

市内には研修を積極的に受け入れている農家もあり、例えば**「いきいきファーム」**（北区屯田町 721）は、札幌市と共同で 2015 年から研修事業に取り組んでおり、元農業改良普及員の吉岡宏直代表が、豊富な経験をもとに、しっかり指導してくれます。

研修の対象は、おおむね45歳以上の市内在住者。定員は10人程度。研修期間は2年で、1年目は同農場でトマトやジャガイモなど約20品目の野菜や果物の栽培を手伝いながら技術を磨きます。

就農の計画と決意が固まったら、**手順⑤**の農地の借用（または購入）が必要ですから、**手順④**の農業委員会との相談、という段階に進みます。農地を使ったり所有したりするには、地域の農業委員会に認められることが必要です。就農希望者の知識能力、実践力、経営能力などが認められれば、適した農地があっせんされます。

札幌の農地は価格が高いので、借りて始める人が多いようですが、貸し手の農家と合意する必要があります。良い出会いがあれば、きっと夢は実現します。

農業委員会とは、農業委員会法によって市町村に設置されている合議制の行政委員会で、札幌の場合は**札幌市農業委員会**。事務局は札幌市経済観光局農政部農業委員会担当課（中央区北1西2市役所7階、011-211-3636）です。

これから頑張ろうとする就農希望者のための、補助金があります。農水省は農業次世代人材投資事業で、一定の要件のもと、就農を準備したり始めたりする人に助成金を交付しています。また札幌市は、新規就農者の経営が早期安定化するため、機械や施設の取得経費の一部を助成しています。いずれも詳細は**札幌市経済観光局農政部農政課**（011-211-2406）に問い合わせてください。

また、農業法人の中には、月給や厚生手当も充実し、サラリーマンのように通勤できる経営体もあります。この本の第4章にもいくつかの法人を紹介しています。ハローワークやネット求職サイトにも情報があります。直接訪ねてみるのもいいかもしれません。

いずれにしても、良い相談窓口と相談相手を早く見つけて、早い段階からよく相談しながら進めることが大事です。

◆◆◆◆◆

農を「支える」人々と仕組み、農に親しみ農を志す市民への「扉」。これらがこれほど充実した都市は全国でも珍しいのではないでしょうか。その意味でも札幌は実に豊かな農業都市ですね。

さっぽろ農業とともに

札幌農業とともに

私たち「**札幌農業と歩む会**」は、札幌の素晴らしい農業を多くの方々に知ってもらいたいと活動している市民団体です。と言うより、実は「自分たちが知りたい」ということなのかもしれません。

設立のきっかけは、2011年に札幌市が初めて開催した「さっぽろ食農フォーラム」と後日座談会でした。参加したパネリストの一人が座談会の中で「札幌農業は豊かというが、僕たちは札幌農業を知っているだろうか」と問いかけました。

「そう言えば行ったことのない地域もあるね」「それなら私たちが行ってみよう」「他の人も誘ってバスで行こう」「行きたい」「いいね！」

■ ■ ■

翌秋にはバスを借りて出かけました。一緒に行きたいという人たちとともに。最初の訪問先は清田区です。その時から「驚き」が始まったのでした（「はじめに」参照）。農業の豊かさ、多様さ、食の美味しさ、景色の美しさ、農家の元気さ……。どれもが驚きでした。

「ほかの区も行こう」「市内全区を回ろう」となっていきました。そのうち、この農業視察ツアーを「さっぽろ農業見聞録」と名付け、「南区編」「北区編」などと行き先を変えていきます。

野菜、稲作、畑作、果樹、酪農、畜産と、ほぼすべての農業形態を、直接学ぶことができました。市内4ゾーンの特色も分かってきました。どこにどんな人がいて、どんな美味しいものを作っているか、を知ることができただけでも大収穫です。

行けない年もありましたが、毎年1、2区ずつツアーを組むのも楽しいものです。各地の特色ある農業を勉強でき、美味しいものを食べ、温泉に入り、農家さんや一緒にバスで行った人と仲良くなり……。ミニ旅行の気分でした。

2019年に中央区編が実現し、全区回る目標を達成しました。冬編も含め、8年間で計11回、約50か所を訪ね、参加者は延べ300人を超えました。

■ ■ ■

この「見聞録」のほかに、もう一つ私たちが行っている活動の柱は、「あぐりカルチャーナイト」（ACN）です。

訪問した農園の作物などを食材にした料理を味わい、生産者との交流も行うものです。例えば「見聞録」で清田区を訪ねたら、1か月後に「ACN清田区編」を開いて、訪問先の農家さんを招き、一緒に食べるのです。

会員の野菜ソムリエさんたちが料理の腕を振るいます。飲み物は札幌の地ワインだったりします。白石区のチーズが届いたこともありました。なんと豊かな食卓でしょう。「さっぽろを食べる」ことに酔いました。

さらに、時には生産者と会員のトークショーや、ミニ講演会、野菜マルシェを開いたこともありました。"産消交流"の新しい場となっていきました。

2017年と19年にはACN全市編も実施。100人前後の方々がそれぞれ集まり、札幌の食と農の豊かさを、目と耳と舌で実感したのです。

残念なのは、この会発足の立役者の一人、元札幌消費者協会会長の桑原昭子さんが急逝されたことです。17年のACN全市編は桑原さんを追悼する集いにもなりました。

■ ■ ■

全10区の見聞録を実現させたことから、これらの活動をベースにして、札幌農業について学んだことを本にまとめようということになりました。

会が今後どっちの方向に、どのように歩むかは、まだ固まってはいません。しかし、この豊かな札幌農業とともに、前に歩むことになるでしょう。いや、歩んで行きたいかも。できれば、より多くの市民のみなさんと一緒に、ですね。

札幌農業と歩む会のあゆみ

農家視察ツアー（「さっぽろ農業見聞録」など）

年	区	訪問日	視察先
12	清田・豊平	9月 1日	川瀬農園、永光農園、桑島農園、フラワーファーム大花園、八紘学園農産物直売所
13	南	8月 2日	関農園、坂尻農場、篠原果樹園
14	北	7月 4日	木田農園、関戸農園、直売所「しのろとれたてっこ」
15	手稲	7月24日	松森農園、餅店「水車」、石田農園
	南	9月12日	今村農園、砥山ふれあい果樹園、八剣山ワイナリー、小金湯温泉「まつの湯」、高坂果樹農園販売所
16	白石	9月 1日	菅野農園、ファットリア・ビオ北海道、西山農園
	西	10月14日	漆崎農園、山末農園、スイーツ店「Geream（ジェリーム）」、琴似屯田兵村兵屋跡
17	冬の農業	2月24日	山末農園（西区）、藤井農園（北区）
	東	6月29日	佐々木農園、岩田農園、㈱Jファーム、温故知新ブッルクスカレー食堂、ふらっとステーション伏古
	厚別	10月13日	新札幌乳業、小林牧場（江別市）、吉村農園、JAさっぽろ厚別支所、厚別区役所食堂、旧出納亭、雪印バター誕生の記念館、バラ見本園
19	中央・西	7月18日	さっぽちプロジェクト、やぎや、かわいふぁ～む、札幌ばんけい観光㈱、サッパチトパン

さっぽろを食べる会（「あぐりカルチャーナイト」など）

年	開催日	概要
12	10月17日	「清田区を食べよう」
14	7月18日	あぐりカルチャーナイト（「食と農トークショー」と「野菜マルシェ」）
	7月29日	「北区を食べよう」
	12月 4日	あぐりカルチャーナイト（「食と農トークショー」と「札幌を食べよう・北区編」）
15	2月 9日	あぐりカルチャーナイト（「食と農トークショー」と「札幌を食べよう・清田区編」）
	10月15日	あぐりカルチャーナイト（「食と農トークショー」と「札幌を食べよう・手稲区南区編」）
16	9月30日	あぐりカルチャーナイト（「食と農トークショー」と「札幌を食べよう・白石区編」）
	11月22日	あぐりカルチャーナイト（「食と農トークショー」と「札幌を食べる会」）
17	11月29日	あぐりカルチャーナイト・全市編（桑原昭子さんと歩んだ6年を振り返りつつ）
19	3月28日	札幌農業を語り食べる会＝あぐりカルチャーナイト全市版＝

結びに

私たちが実際に畑を訪ね、直接お話を聴く時、迎えてくれたのは生産者の輝く笑顔でした。伝統を守る強い信念と、新しい道を創る希望が、それを支えているようでした。なかには寡黙な人もいますが、現在の実践の中に、地域と自分が歩んでこられた苦闘や歓びの跡を感じます。

札幌農業の豊かさ、力強さ、そして新たな可能性を、知り、感じることができました。そして、市内には実に多様な農業があることを知りました。その創意工夫に富んだ取り組みに、とても驚かされました。

サラリーマンを退職後に実家の農地を継いだという異色の経歴を持ち、数十種類ものピーマンやトマトについて一つ一つ説明してくれたＫさん。異業種から参入したお父さんが切り花で成功されているのですから当然同じ路線を歩むと思いきや、イチゴやミニトマトに果敢に挑戦、イチゴを自宅の傍でパフェにして人気を集めたＯさん。住宅街で周囲に気遣いながらも、香ばしい青ネギやシロナなどの漬け菜類を、寒い冬も黙々と出荷し続けるＹさん……。

多様で豊かな農家と農業から、多様で豊かな食が生まれる。札幌市民はそれを誰よりも早く、たくさん、口にすることができる。そんな幸せと醍醐味を、感じてきました。

農業と食べ物が好きな私たちは、一人でも多くの人たちに、自分なりのスタイルで農業との関わりを持っていただければと、これまで活動してきました。

「曲がったキュウリ」や「虫食いの跡がある野菜」は嫌いですか？一度でも農業を体験したり、作物に触れてみると、なぜキュウリが曲がるのか、農薬を使わないとどんな虫が発生するのかが自然に理解できると思うのです。

この本は、札幌農業の魅力を、私たちなりに多角的に探り、まとめたものです。ぜひ本書を片手に、農村に行ってみてください。美味しいものや素敵な人に出会えると思います。直接野菜などを購入したりするだけでも構いません。また、南区の果樹園のように、交通費だけ支給するボランティア募集もなされていますので、一日、農作業に励むのもよい機会でしょう。

そうした思い思いのライフスタイルとしての農業を楽しむような「札幌農業人」を目指してみてはいかがでしょうか。その一人ひとりの積み重ねが、より良い世界を目指す国際目標のSDGs（持続可能な開発目標）に近づく一歩となり、私たちの好きな札幌を、そして私たちの暮らしをもっと豊かで魅力的なものにしていくものと信じています。

最後になりましたが、農家、店舗、団体、企業など関係者の方々には、訪問取材や写真提供などへのご協力、あるいは賛同広告へのご協力をいただきました。株式会社アイワードのみなさんには、厳しい日程の中、刊行に全力を注いでいただきました。また、公益財団法人太陽財団様には、2019年度本会事業への全面的なご支援をいただきました。みなさまのお陰で、出版まで至ることができました。厚く感謝申し上げます。

2020年3月

札幌農業と歩む会

会長　三部 英二

「こんな近くに！ 札幌農業」協力者と執筆者・撮影者

【五十音順、敬称略】

写真提供者：カプリ・カプリ、学校法人八紘学園、ケイク・デ・ボア、札幌市、札幌市経済観光局農政部、札幌市公文書館、札幌市豊平区地域振興課、札幌の森、JAさっぽろ、農研機構北海道農業研究センター、パティスリー・アンシャルロット、ファットリア・ビオ北海道、ヴェール農場、㈱北海大和、三谷純子

その他の協力者：公益財団法人太陽財団、札幌市図書・情報館

執筆者：

- **安達英人**（あだち　ひでと）／野菜種苗のスペシャリスト。種苗・園芸資材販売の渡辺農事株式会社に勤務。農業専門雑誌に連載を執筆する傍ら、就農希望者や農家、野菜ソムリエなど対象の講習や現地指導に飛び回っている。著書に「北海道の新顔野菜」など。〈4章〉
- **吉川雅子**（きっかわ　まさこ）／野菜のスペシャリスト。野菜ソムリエ上級プロ。青果物ブランディングマイスター。アスリートフードマイスター2級。農林水産省6次産業化プランナー。「野菜たっぷりヘルシーおうち居酒屋メニュー教室」などの料理教室を多数開催している。〈1、2、4章ほか〉
- **三部英二**（さんぶ　えいじ）／元札幌市農政部長。サッポロさとらんど設立、スロー・フード運動、札幌黄ブランド化事業などにも貢献した農政のプロ。退職後はJFEエンジニアリング株式会社北海道支店顧問として植物工場運営などに業務。札幌農業と歩む会会長。〈はじめに、1、2、4章、結びに〉
- **髙井瑞枝**（たかい　みづえ）／食・工房ミイロ代表。札幌を拠点に国内外で活躍するトータルフードコーディネーター。北海道中小企業食品開発専任アドバイザー。日本冷凍食品協会専任コンサルタント。北海道フードマイスター検定運営委員会副委員長兼上級編委員長。〈4章〉
- **久田徳二**（ひさだ　とくじ）／食と農などで発信し行動するフリージャーナリスト。北海道大学客員教授、北星学園大学などの非常勤講師も務める。北海道地域農業研究所参与。北海道農業ジャーナリストの会副会長。北海道たねの会代表。「北海道の食と農」など著書多数。〈全編〉
- **吉田博**（よしだ　ひろし）／元札幌市職員。農政課長などを歴任。札幌学院大学と札幌大学で非常勤講師、一般社団法人札幌経済交流・留学生支援機構理事長、北海道自治体学会運営委員なども務める。著書に「自治体事業―考え方・つくり方」など。札幌農業と歩む会事務局長。〈4章、さっぽろ農業とともに〉
- **米一彰夫**（よねいち　あきお）／北海道職員（農政部勤務）。恵庭市農政課長（派遣）などを歴任。北海道フードマイスター。北海道観光マスター。170回以上続く勉強会「DO！21」を主宰。地域づくりマガジン「かがり火」支局長など幅広いネットワークを持つ。〈2、4章ほか〉

撮影者：

櫻井德直（さくらい　のりなお）／フリーフォトグラファー。元北海道新聞社編集局写真部編集委員。道内各地で一線のカメラマン、デスクなどを務めた。企業研修会などで写真とカメラ技術などについて講師の経験も豊富。現在は「歴史」「食」などをテーマに全国で撮影活動中。〈全編〉

こんな近くに！札幌農業

2020年3月27日　初版第1刷発行

編著者　札幌農業と歩む会
カバーデザイン　佐々木正男（佐々木デザイン事務所）
発行所　株式会社共同文化社
〒060-0033　札幌市中央区北3条東5丁目
Tel 011-251-8078　Fax 011-232-8228
URL http://kyodo-bunkasha.net/
印刷・製本　株式会社アイワード

ISBN 978-4-87739-340-3